拆解科学系列

物理笔记(下)

[英] 库尔特·贝克 著

燕子 译

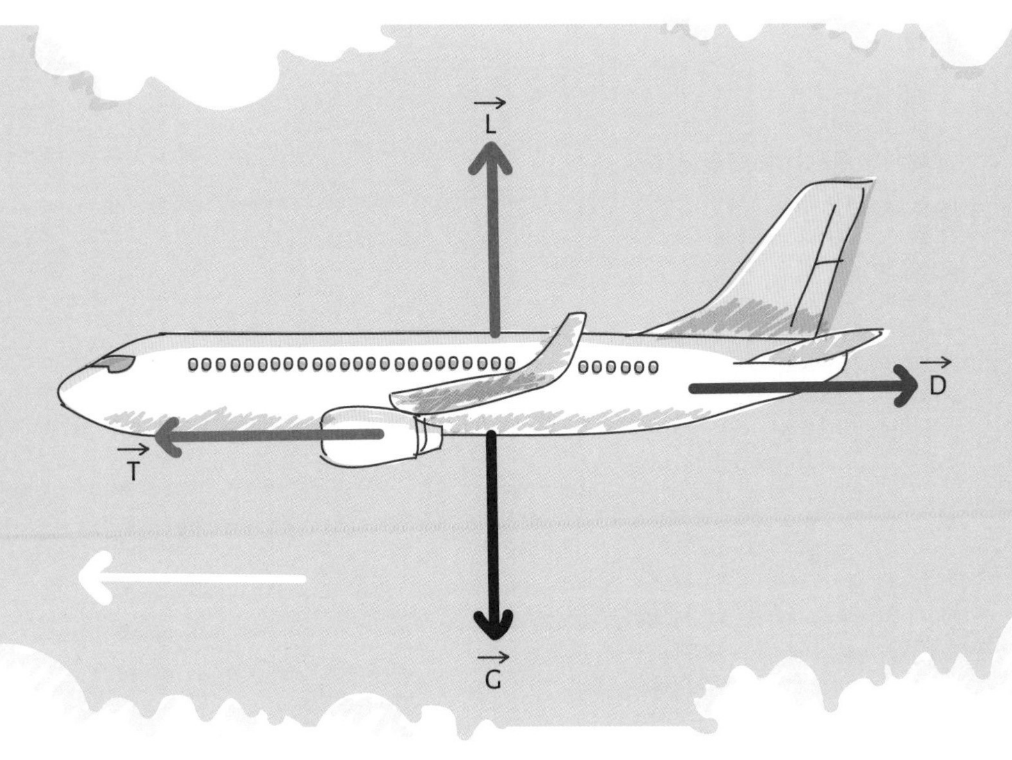

Original Title: Barron's Visual Learning: Physics

北京市版权登记号：图字 01-2023-1804

图书在版编目（CIP）数据

物理笔记．下/（英）库尔特·贝克著；燕子译
．--北京：中国大百科全书出版社，2023.8
（拆解科学系列）
ISBN 978-7-5202-1367-7

Ⅰ．①物… Ⅱ．①库… ②燕… Ⅲ．①物理学-少儿读物 Ⅳ．①04-49

中国国家版本馆CIP数据核字(2023)第120443号

拆解科学系列：物理笔记（下）

出 版 人：刘祚臣
策 划 人：海艳娟　赵　鑫
责任编辑：赵　鑫
助理编辑：胡　玥
专业审核：张恒森
特约编审：朱菱艳
美术编辑：张紫微
责任印制：邹景峰
出版发行：中国大百科全书出版社有限公司
（北京市阜成门北大街17号　邮编：100037　电话：010-88390276）
印　　刷：北京瑞禾彩色印刷有限公司
开　　本：787毫米×1092毫米　1/16
印　　张：6
版　　次：2023年8月第1版　2024年3月第2次印刷
字　　数：175千
书　　号：ISBN 978-7-5202-1367-7
定　　价：98.00元（上、下）

目录

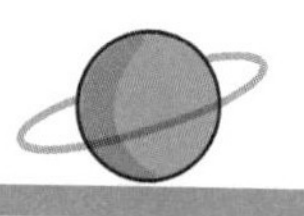

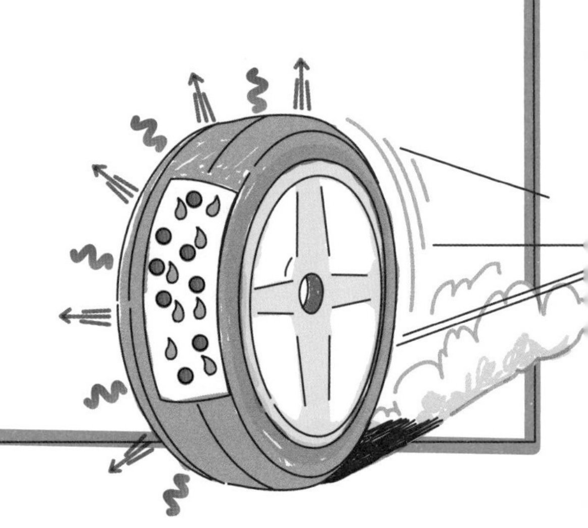

第八章

波

波可以通过介质将能量从一地传送到另一地。电磁波可以让恒星内部核聚变产生的能量穿越宇宙真空和地球大气层，到达地球。水波通过水分子的垂直振动，将风暴的能量在海洋中进行传播。声音也是一种波，在固体、液体、气体中以振动的形式移动。无论哪种类型，波都有许多共同特点，如振动、能量传递以及波的各种特性。

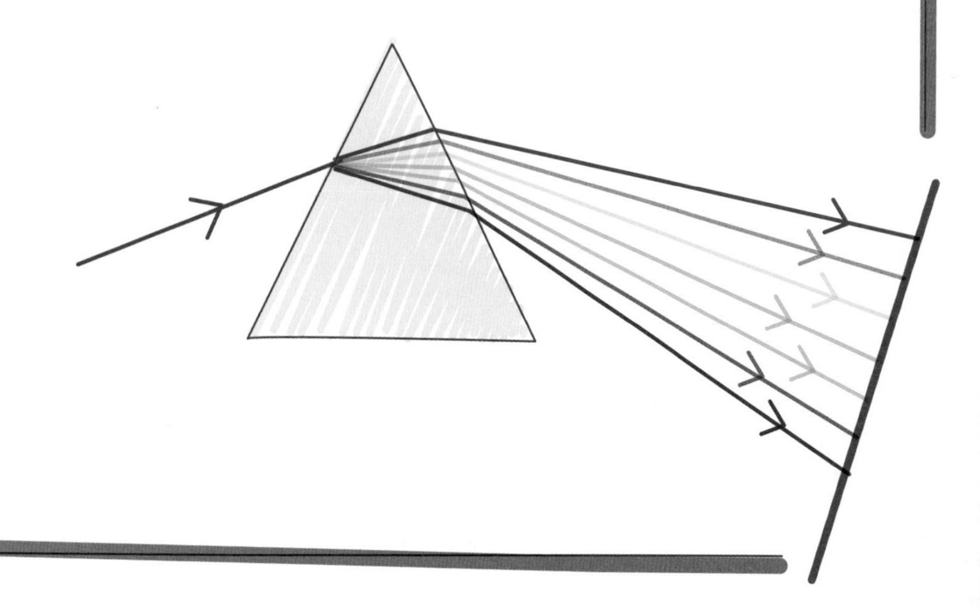

振幅、频率和周期

在探究波的类型及其特性前，我们先来定义各种波共有的关键物理特性。从本质上说，波是能量以某些形式进行的振动或周期性的运动。就某一特定的波而言，每一次完整振动所需的时间是固定的，这段时间称为振动周期，用字母T表示。

周期是波在传播过程中重复出现所需的最短时间。每秒内波出现的次数称为**波的频率**，用字母f表示，单位为赫兹。

描述振动周期和频率关系的公式为

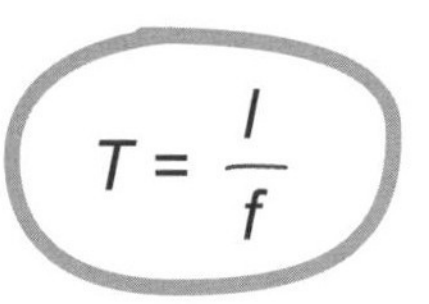

$$T=\frac{1}{f}$$

我们通过一个波峰到下一个波峰出现的时间来计算周期。两个相邻波峰之间的距离称为**波长**，用希腊字母λ表示，单位为米。

所有波都有一个**平衡点**（不受干扰的点），以每个质点的平均位移来定义。离开该平衡点的最大距离称为波的**振幅**，用字母A表示。振幅最高处称为**波峰**；与之对应，振幅最低处称为**波谷**。

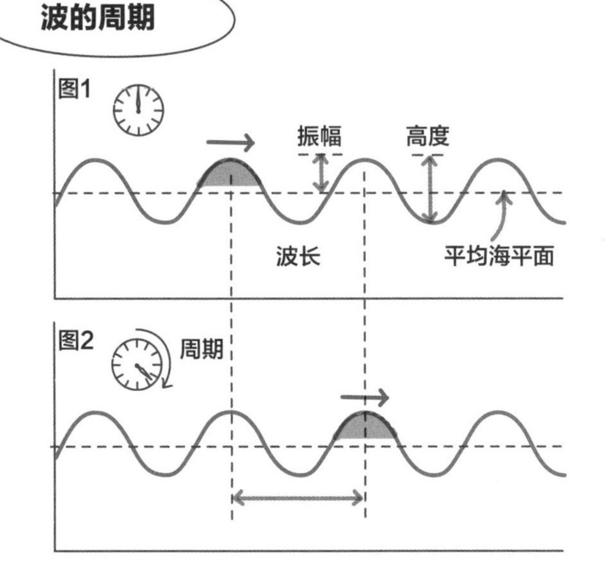

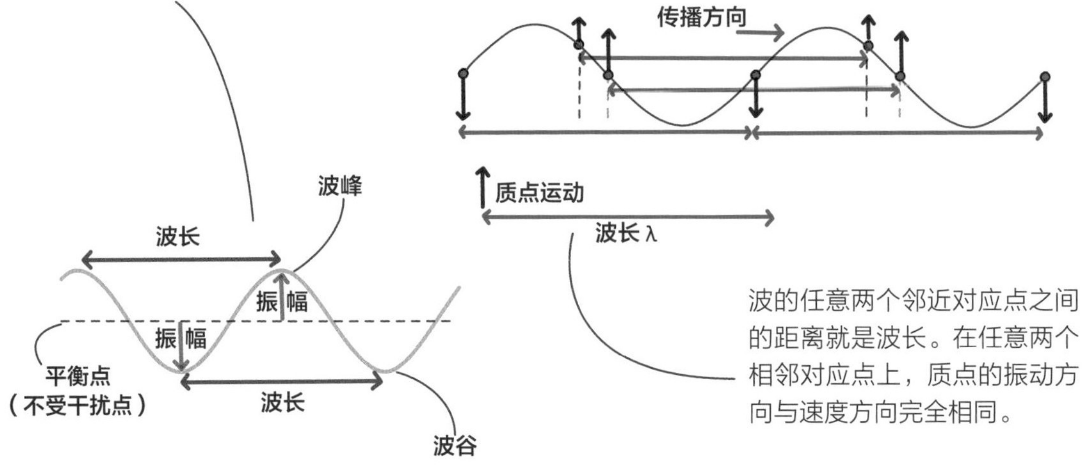

波的任意两个邻近对应点之间的距离就是波长。在任意两个相邻对应点上，质点的振动方向与速度方向完全相同。

简谐振动

随时间变化而重复出现的物理性波动称为振动。一个物体相对某固定中心点发生的位移，或一种电磁波在电场和磁场中发生的强度变化，都属于振动。

振动从本质上讲是循环往复的，而且每次振动的间隔时间不变。然而，随着系统能量的消耗或获得，最大振幅会随时间推移而改变。**简谐振子**在运动时受到一种回归平衡点的复原力的作用。复原力的大小取决于位移的大小。

设想一下，把球系在一根绳子上做匀速圆周运动，假如光线照在球上，将它的影子投射到屏幕上，这时我们可以看到球的影子围绕平衡点来回摆动的情况。

影子在平衡点时移动速度最快，到终点时运动速度最慢，此时，球的运动方向与光线方向平行。影子的这种运动就被描述为简谐振子。

影子相对其平衡点的位移（x）既可以为正，也可以为负。如果制作一幅位移与时间关系图，依据起始点的不同，会呈现出一条完美的正弦曲线或余弦曲线。

球和影子实验

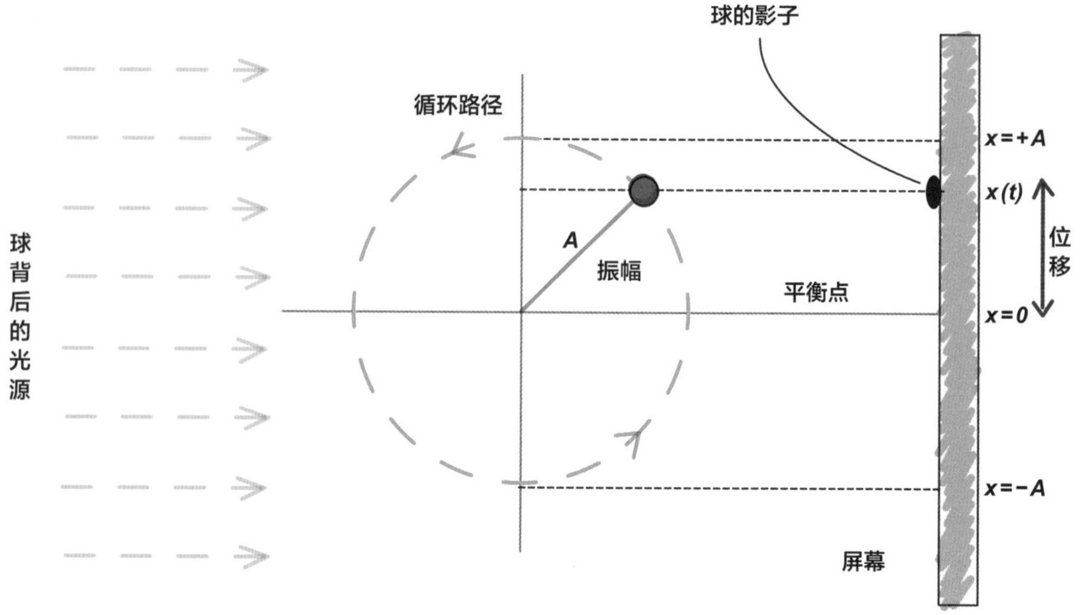

简谐振子的特点

简谐振子来回摆动时，速度的快慢取决于它与平衡点之间的相对位置。运动时，简谐振子总是朝运动中心点方向做加速运动。具体来说，朝中心点运动时速度不断加快，越过中心点后速度逐渐放缓。

沿着中心点方向，球体的加速度与球体到中心点x的距离成正比。这就是简谐振子的定义。现实生活中有许多这样的例子，如蹦极。

蹦极者跳下时有很大的重力势能。

简谐振子的位移、速度和加速度等各种特性的变化，都具有正弦曲线特征。这就意味着它们就像**正弦波**那样，是连续波。位移增加时，朝中心点方向的加速度提高（使物体运动逐渐减慢），速度逐渐降低。下图从相反方向再现了球与影子的实验，概括了这种运动的每个细节。

蹦极者下落时，势能转换成动能。

蹦极者在空中上下振荡，直至所有能量消耗完毕。

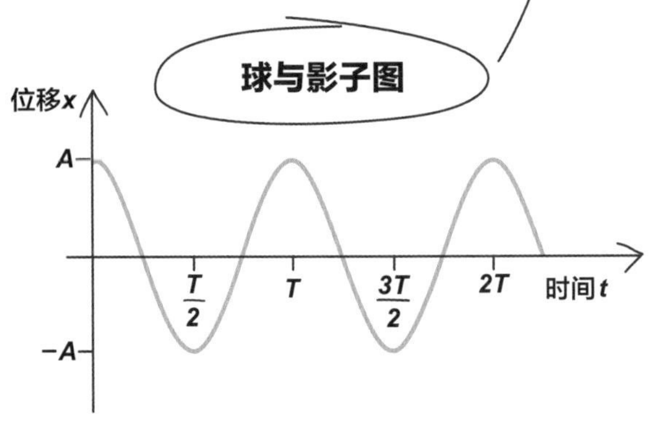

当蹦极者下落至最低点时，动能与重力势能被绳索吸收并转换成弹性势能，将蹦极者拉回高处。

单摆

将一根细绳系在一个物体的末端（钟摆），然后让它像简谐振子那样来回摆动。假设振幅（A）远小于细绳的长度（l），细绳的质量远小于钟摆的质量。

这种装置称为**单摆**，那些老式的落地摆钟就是按这一原理制作而成的。在振幅较小的情况下，钟摆的摆动周期（T），也就是它完成一次摆动的时间，取决于绳的长度，与它的质量和振幅无关。

单摆原理可用于测量重力加速度g的数值。利用一条足够长的摆线，反复计算每次摆动的时间。用公式计算，得出g的数值。如此得出的结果非常准确，甚至能测出不同海拔的高山之间重力加速度（g）的细微差异。

摆动周期与绳子长度的关系可用公式表示，其中，g为重力加速度。

$$T = 2\pi\sqrt{(\frac{l}{g})}$$

落地式摆钟的一个运动周期恰好是两秒钟，因此每次摆动需要一秒钟。与此相对应，钟摆的长度有一米，俨然就是个大个头儿。

质量-弹簧装置

质量-弹簧装置的工作原理是将贮存在弹簧上的能量，转化为连接在弹簧上的物体的动能和势能。物体质量（m）与弹簧的劲度系数（k）密切相关。将该物体从平衡点A向下拉，形成一个较小的位移，然后松手，这时，物体就会随着在弹性势能与动能之间转化的能量而振动。

与单摆的左右振动不同，质量-弹簧装置是垂直振动的。正如我们学过的胡克定律所示，弹簧的恢复力与该物体离开平衡点的位移成正比（$F=kx$）。

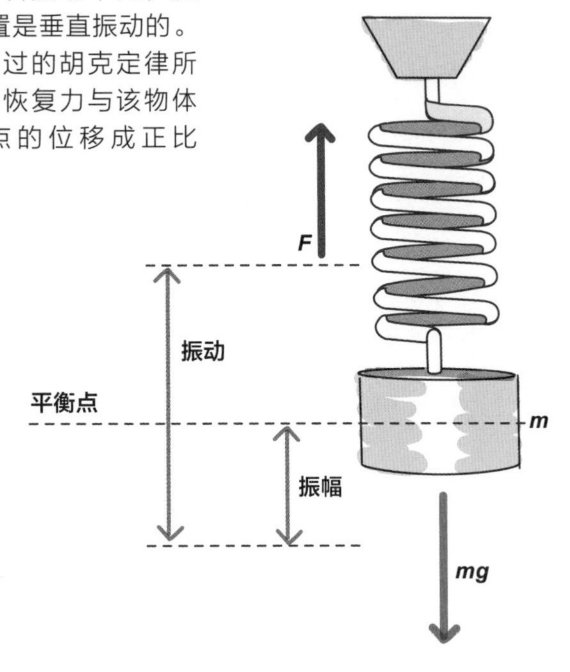

根据牛顿第二定律$F=ma$，物体的加速度（a）可以用公式表示为

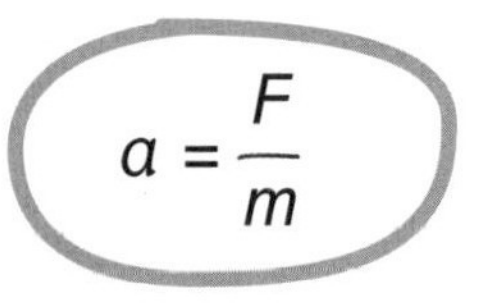

$$a=\frac{F}{m}$$

将以上两个公式合并，则得出

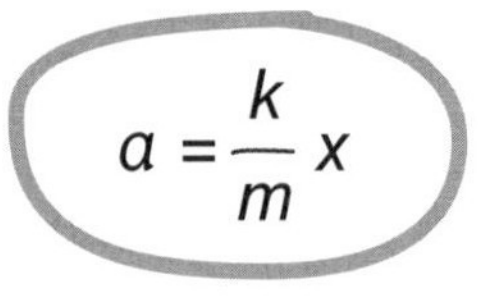

$$a=\frac{k}{m}x$$

对于给定的弹簧，其弹簧的劲度系数（k）和物体质量（m）均为常数，因此也就满足了简谐振子所需的必要条件。在这个例子中，物体的加速度直接取决于它本身的质量（m）和弹簧的劲度系数（k）。

因此，振动周期也可以用公式表示为

$$T=2\pi\sqrt{\left(\frac{m}{k}\right)}$$

利用这个公式，我们可以得出任何一个弹簧的劲度系数（k）。

汽车悬挂

质量-弹簧装置有很多实际用途，比如用作汽车悬挂。为了创造平稳的驾驶体验，汽车的振荡幅度必须尽可能小。因此，与每个车轮相连的弹簧，其劲度系数非常大，振荡周期非常短，以此来减少车轮的上下运动。

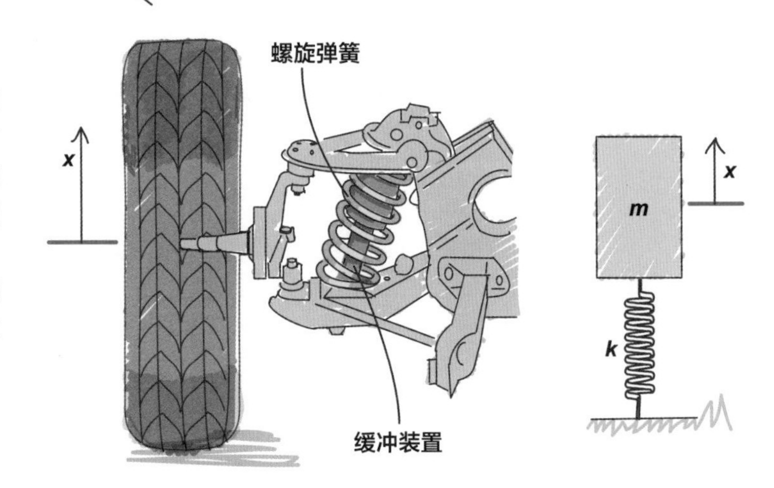

行波

行波振动的方式与简谐振子一样，都是沿着其传播方向将能量从一处传送至另一处。随着质点上下振动（横波）或前后振动（纵波），实现了能量的传输。

横波与纵波

行波分为两类：横波与纵波。

质点做与能量传输方向呈90°角的波动而形成的波称为**横波**。

纵波中质点沿着与能量传输方向相同的方向做前后波动，例如声波和冲击波。

水波向前移动时，使得质点做上下垂直运动（可以想象为大海中的一条船）。

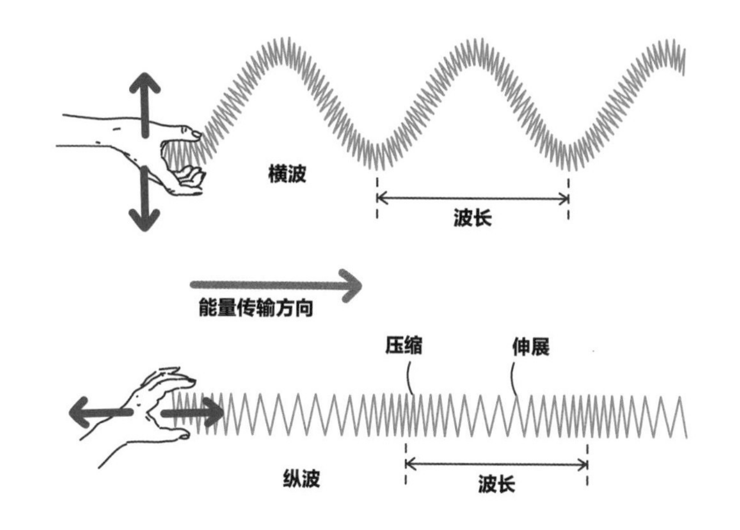

光线以直线形式穿过真空、空气或玻璃。之前我们已经了解到，光的电场和磁场振动方向与光的传播方向呈90° 角。

波的两种类型都包含了振动与能量传输，波的类型由振动方向相对于能量传输的方向决定。

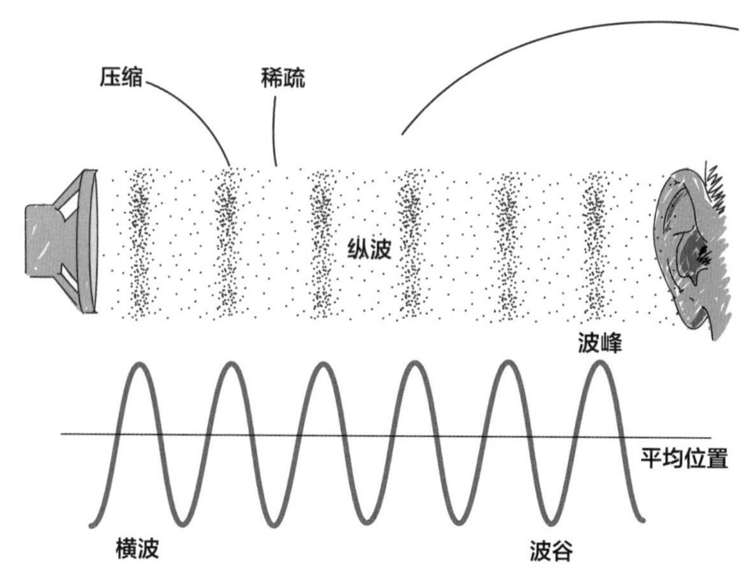

声波

声音在空气和水等流体中传播，是流体突然受到扰动的结果。这种扰动，如石头被扔进水潭，为质点赋予了能量，使它们前后振动。随后，这些能量又传递给邻近的质点并继续向外扩散。

每个质点相对其平衡点的位置，可用一幅近似正弦曲线的图来表示。

波长与波速

波长与波速之间是相互关联的，其中一个发生变化，另一个也随之改变。波速（v）取决于介质的性质。在同一种介质中，波速（v）是固定的。

波的周期是指波在传播中出现相同波的最短时间，或波的传播距离为一个波长（λ）所用的时间。波长越短，周期越短，每秒振动的次数也就越多。每秒振动的次数称为频率，用字母f表示。

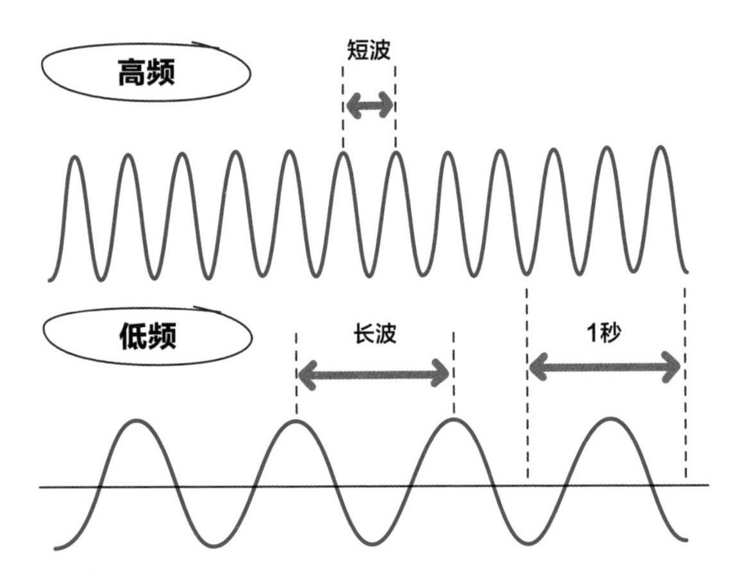

在给定介质中，波速（v）不变。波长（λ）会随着频率（f）的降低而增加，反之亦然。以上内容用公式表示为

$$v = f\lambda$$

如果知道波长和频率，我们可以通过这个公式准确计算各种波的速度。

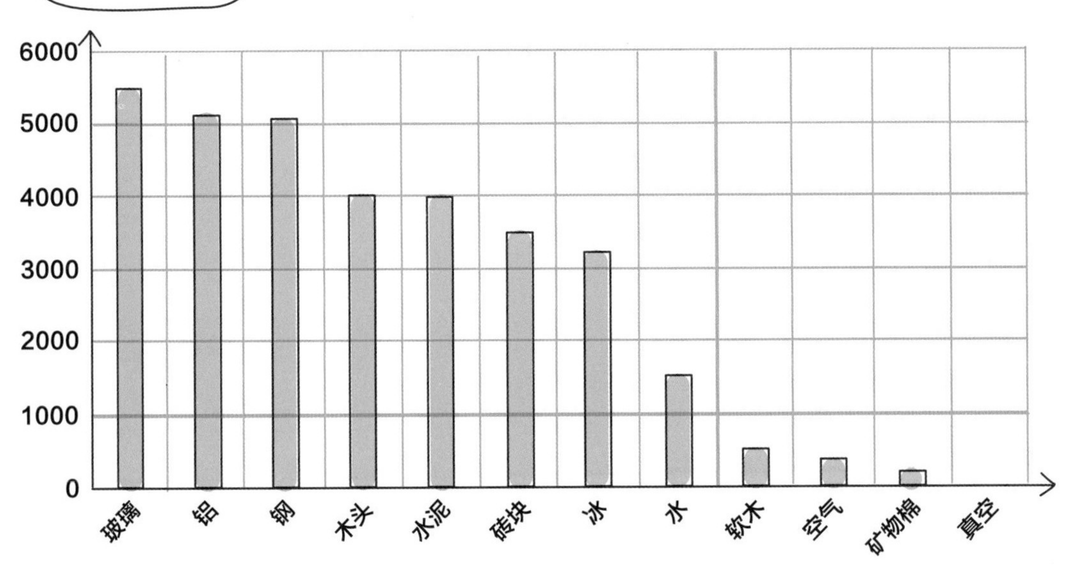

声音通过不同介质时的**声速**差别很大，我们用一个简单试验就能确定声音穿过空气时的速度。声速在空气中会受到气温的细微影响，但在海平面上，声速基本上是恒定的。

给喇叭接上一个信号发生器，我们就可以获得声音的频率，并通过麦克风测出它的波长。这一切需要依托声波的反射和因此形成的**波的干涉**。

波的特性

各种类型的波都具备一些共同特性，这些特性对波在介质中的传播会产生影响。所有波都能**反射**、**折射**和**衍射**。在这些特性中，每一种都会改变波的速度或移动方向，也可能同时改变两者。

反射

所有波都会被不同障碍物或物体表面反射，具体情况要看波的类型。光线被玻璃或金属等物体的反光表面反射；声音可以被坚硬表面反射并产生回音；而水波则被水面上固体障碍物反射，如大块岩石。

向障碍物方向移动的波称为**入射波**，被障碍物反射的波称为**反射波**。

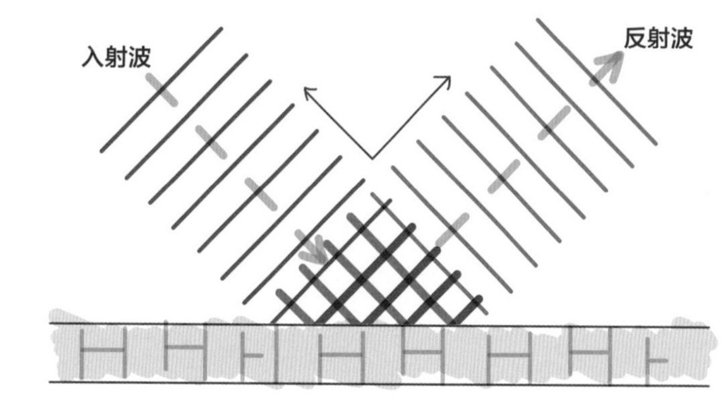

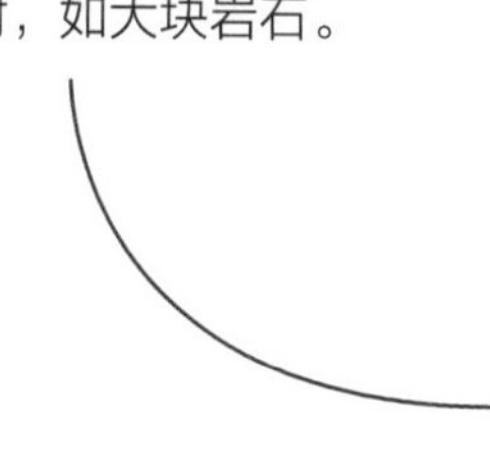

波沿着与法线呈一定角度的方向冲向障碍物表面后，会以相同的角度（θ）被反射，这两个夹角分别称为**入射角**和**反射角**。

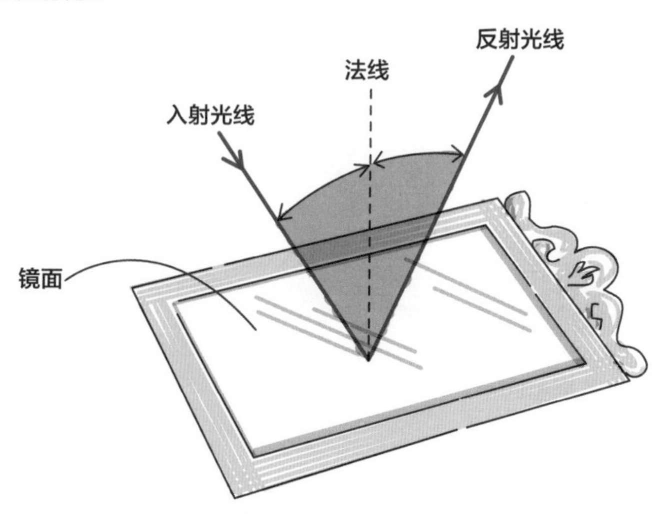

如果没有波的反射，我们就看不到地球上的大部分事物。阳光穿过大气层来到地球，照射到我们身边的各种物体上。

由于被照射物体表面的性质不尽相同，部分或全部光线会被反射到四面八方。

阳光是由可见光谱中所有颜色的光构成的。黑色物体不反光，而白色物体则均匀地反射所有频率的光。反光的物体不胜枚举，因而呈现在我们面前的是五颜六色的世界。

入射角与反射角

折射

折射是光的一种特性，它可以改变光的速度和传播方向。折射可以在很大程度上减缓波阵面的传播，从而改变光的运动方向。

就光波而言，它的波阵面从一种透明介质（如空气）穿入另一种透明介质（如水）时，会产生折射。遇到障碍时，由于介质的光密度（折射率）增加，波阵面的前进速度变缓，导致波长缩短。

入射波与法线的夹角称为入射角，用θ_i表示；折射波与法线的夹角称为**折射角**，用θ_r表示。

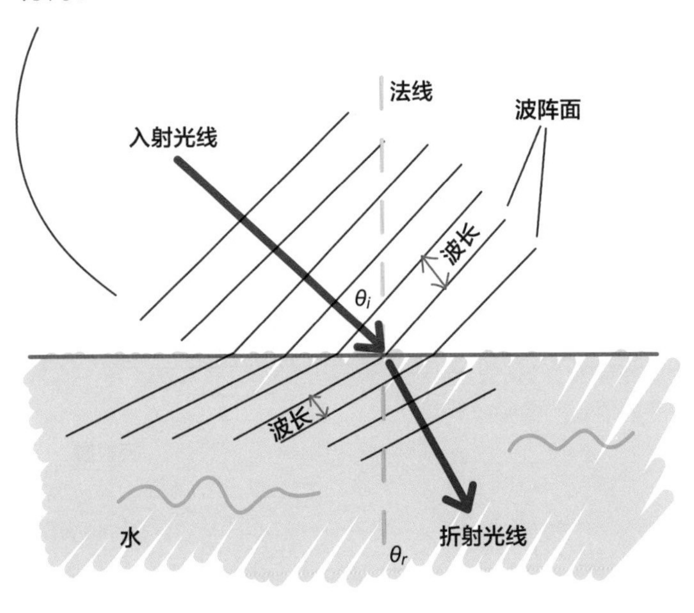

在空气与水的界面，光会出现少量光反射，称为**部分反射**。

折射取决于两个因素：每种介质光密度（折射率）的差异和光穿过界面时频率的差异。

彩虹产生的原因

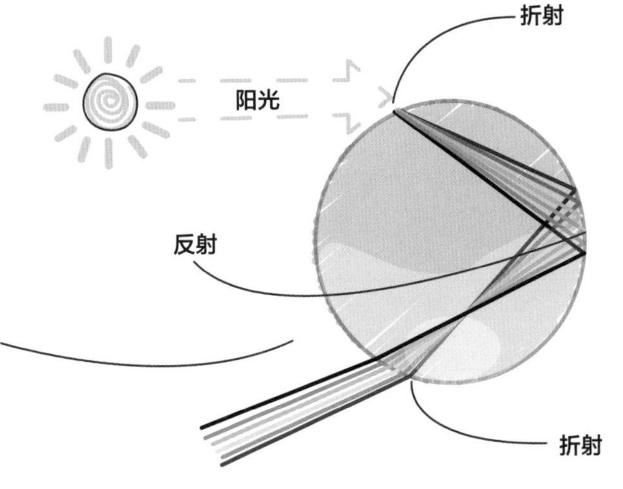

光色散

光的频率能对折射角产生影响：红色光折射最少，蓝色光折射最多，从而引发**光的色散**。我们可以从光线穿过玻璃棱镜的过程中观察这种现象。所以，当阳光在空气和水滴之间的界面发生折射时，彩虹就产生了。

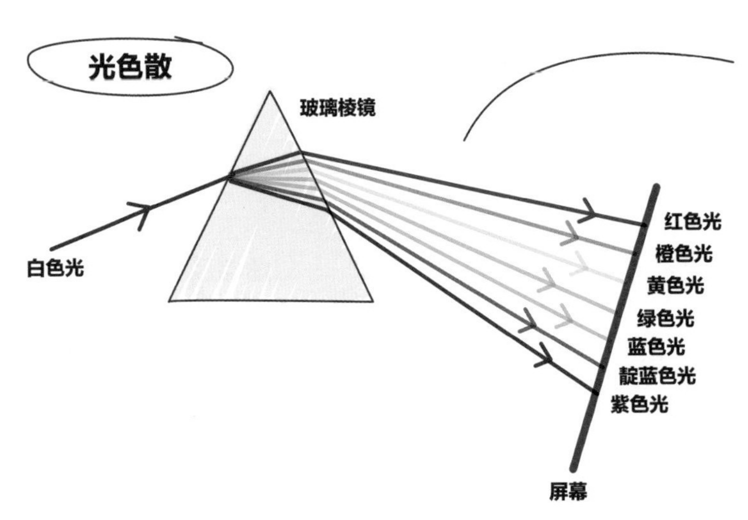

衍射

衍射（散开或弯曲）会改变波阵面的运动方向和速度。在介质不变的情况下，波在穿过障碍物上的一个缝隙或绕过障碍物时会产生衍射现象。直行波阵面在通过缝隙时，会呈扇形散开并向外弯曲，形成圆形波。

波的衍射效果取决于波长与它穿过的缝隙宽窄的比例。若两者大小相当，衍射作用就最强。

光波、水波和声波都能产生衍射。

穿过缝隙的衍射

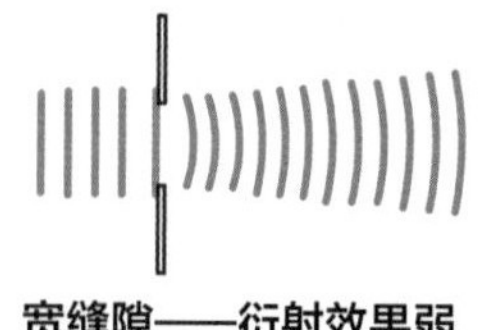

宽缝隙——衍射效果弱

窄缝隙——衍射效果强

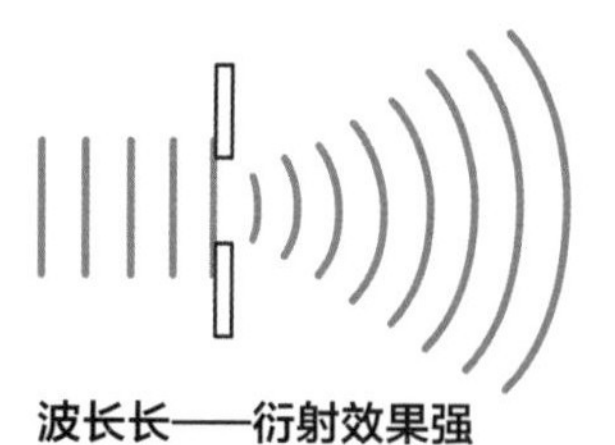

波长长——衍射效果强

由于低频率声音的波长较长，且与所绕过物体波长的大小相近，所以低频率声音更容易绕过大型障碍物。这时，会产生更大的散射量的低频率声音。

相比于高频率声音，我们更容易听到低频率声音。

环绕障碍物的衍射

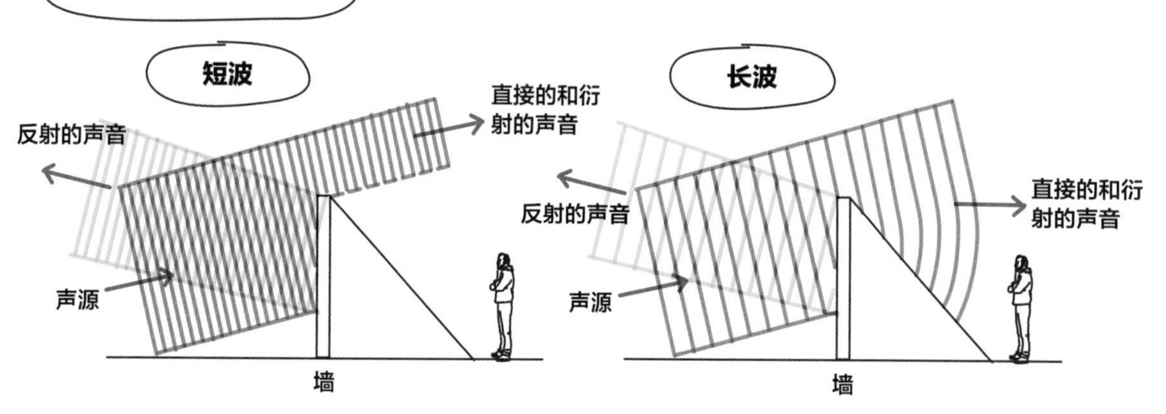

无线电波通讯在很大程度上受衍射的影响。另外，无线电传输可以采用不同的频率。

短波容易被高山或其他大型物体阻碍，而长波则很容易以衍射方式绕过这些障碍物。

我们通常把高山、发射器和接收器后面的区域称为**声波静区**。它们对长波无线电传输的质量没什么影响，但会完全阻挡短波的传输。

声波静区

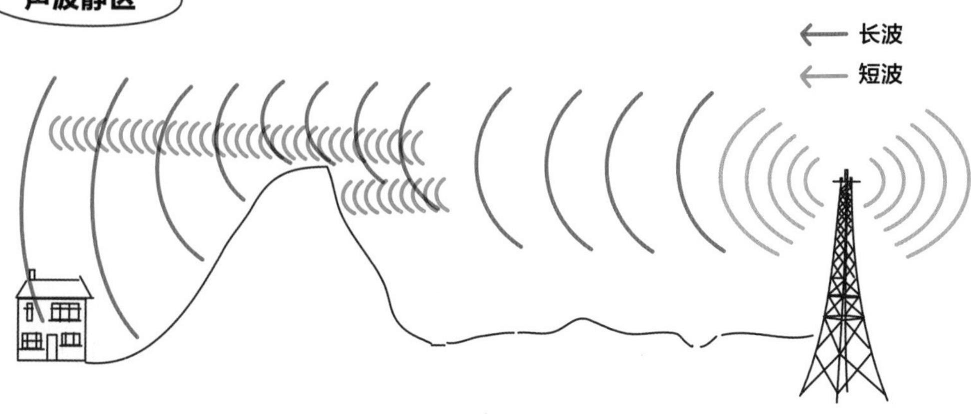

干涉与驻波

两列单独的行波之间互相作用时，它们可能相互加强，形成一个大波峰或大波谷；也可能相互抵消（部分抵消或完全抵消）。这种现象称为**干涉**，也是驻波形成的机理。

干涉

两列具有相同波长和频率的波完全重叠时，称为**相干波**；不同波长和频率的波重叠时，称为**非相干波**。

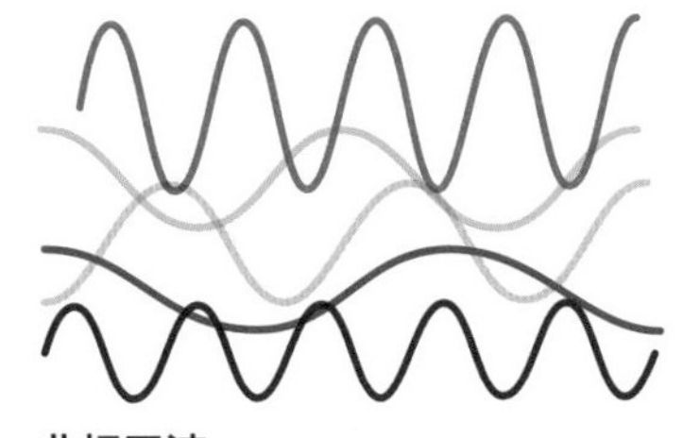

非相干波

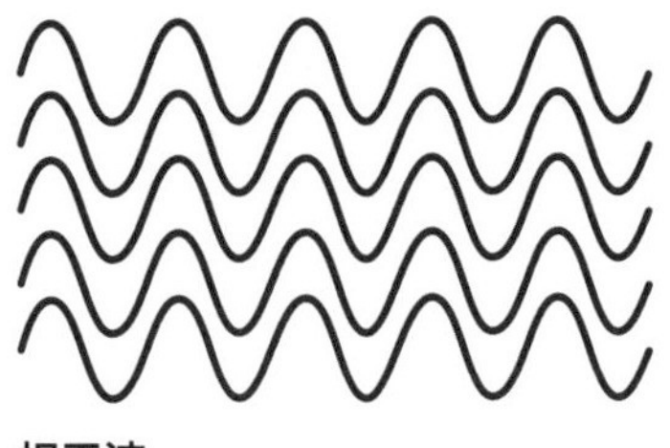

相干波

如果两列相干波沿相同或相反方向传播，其波峰或波谷彼此重合，它们会互相强化，形成一个更高的波峰或更深的波谷。这种现象称为**相长干涉**。

如果一列波的波谷与另一列波的波峰的振幅相同，两者将相互抵消，形成一个平面区域。这种现象称为**相消干涉**。

两个垂钓者在水潭不同地点同时抛出鱼线，激起的两个**涟漪**分别呈环状散开。它们在水面相遇，有的区域因相长干涉的缘故，形成更深的**波谷**和更高的**波峰**；而波谷与波峰会合的区域，水面变得平坦，就会出现相消干涉。

波与波之间的波峰完全契合，称为**同相波**，这时就会出现相长干涉。波与波之间相互穿过时，由于两列波波峰与波峰相遇或波谷与波谷相遇都是加强的，这时的波长只有原来呈直线排列的二分之一，而波峰和波谷有180° 的**相位差**。

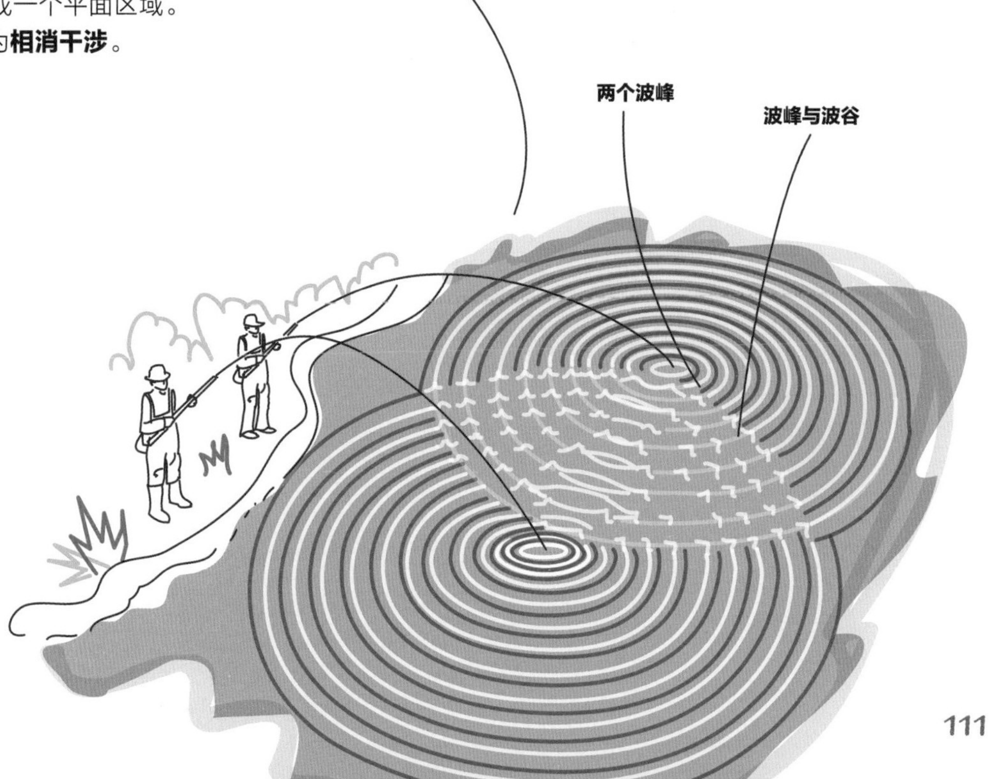

驻波

一列向界面移动的波会被反射，反射波与这列波是频率相同、方向相反的同类波，二者相遇会合，形成驻波。

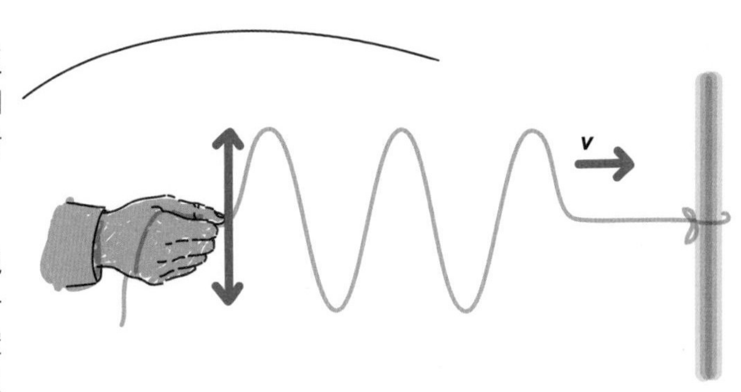

设想一下，一条长度为*L*的绳子，一头可以自由移动，另一头被固定住。我们可以把固定端视作反射界面，在另一端以既定频率向固定端甩动绳子，**横波**就产生了。横波会在界面上形成反射，同时做反向运动，并与入射波相遇。这就是相长干涉与相消干涉共同作用的结果。

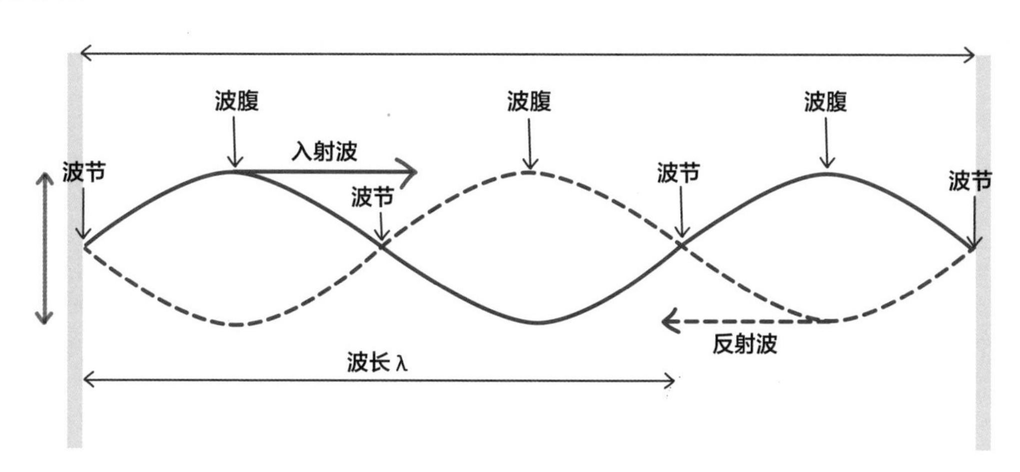

在特定频率下，**反射波**与**入射波**相遇且正好为同相波。如果绳子长度正好是行波波长一半的整倍数，则反射波就会与入射波重合。

结果就是，在绳子固定端（波节）形成相消干涉，在绳子另一不同点（波腹）形成相长干涉，而波腹将按照一定频率进行上下振动。

用同一频率的频闪灯对波进行照射，波看起来处于静止状态，这就是**驻波**。

和弦音

弹奏吉他时，如果按照一定比例在相应位置拨动琴弦，就会产生驻波，形成和弦音。若弹拨的是正中部位，就是第一和弦音。若弹拨位置在弦长度的四分之一处，就是第二和弦音，以此类推。

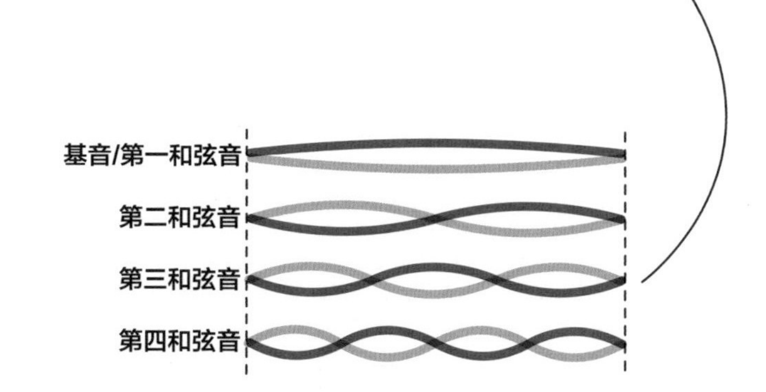

多普勒频移

波源在穿越空间时所发出的波，无论是声波还是电磁波，接收者得到的波的频率都会改变，波长会缩小或增大，这就是多普勒频移。

声音以1235千米/小时的固定速度在空气中传播。声音的音调由它的频率决定。声音的频率越高，音调也就越高。

如果一辆救护车鸣笛向你驶来，笛声的波长会被逐渐压低，并且它的频率或音调听起来比它在远处时更高。

救护车从你身边快速驶过，这时声波像是被拉长了，波长随之增加，频率也因此降低了。频率降低带来音调的改变，结果声音听起来好像发生了变化。我们把这种现象称为**多普勒频移**。

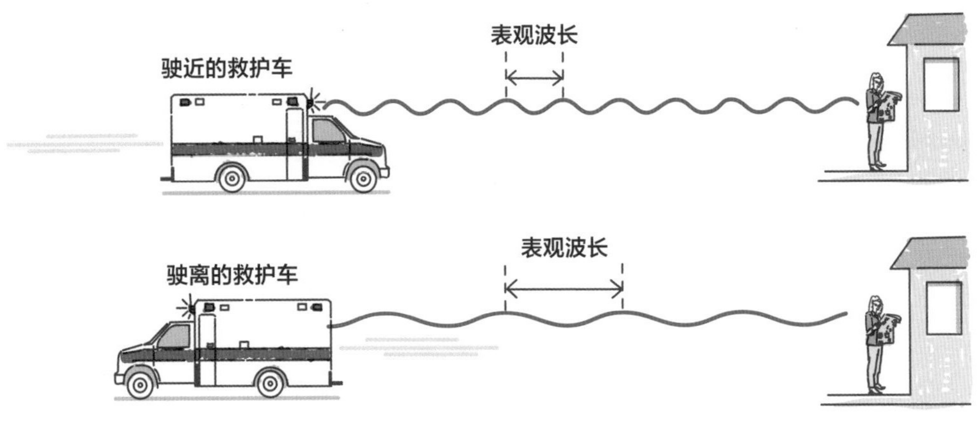

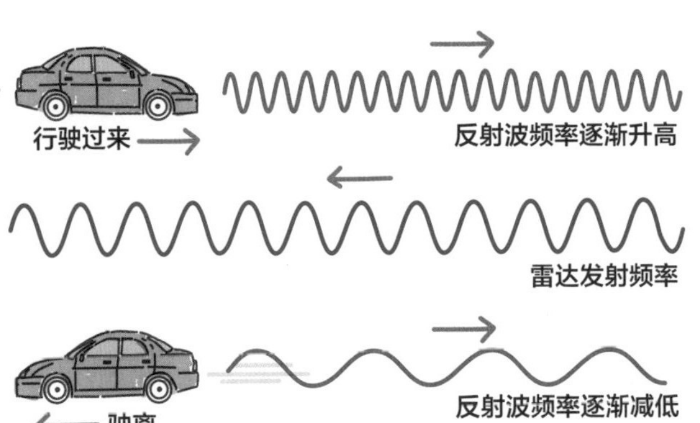

测速

人们利用多普勒频移原理测量汽车行驶的速度。测速摄像头先发射一个已知频率的高频无线电波（**雷达**），电波被汽车反射回来时会因汽车行进速度而被压缩。我们根据测速摄像头获得的频率差异，就可以计算出车速。

依据公式，我们可以通过发射和接收信号的频率差异，准确计算出车速。

$$f_o = \frac{V}{V - V_e} f_e$$

公式中，f_e是测速摄像头发射信号的频率，f_o是观测到的被汽车反射的信号频率，V_e是汽车车速，V是音速。

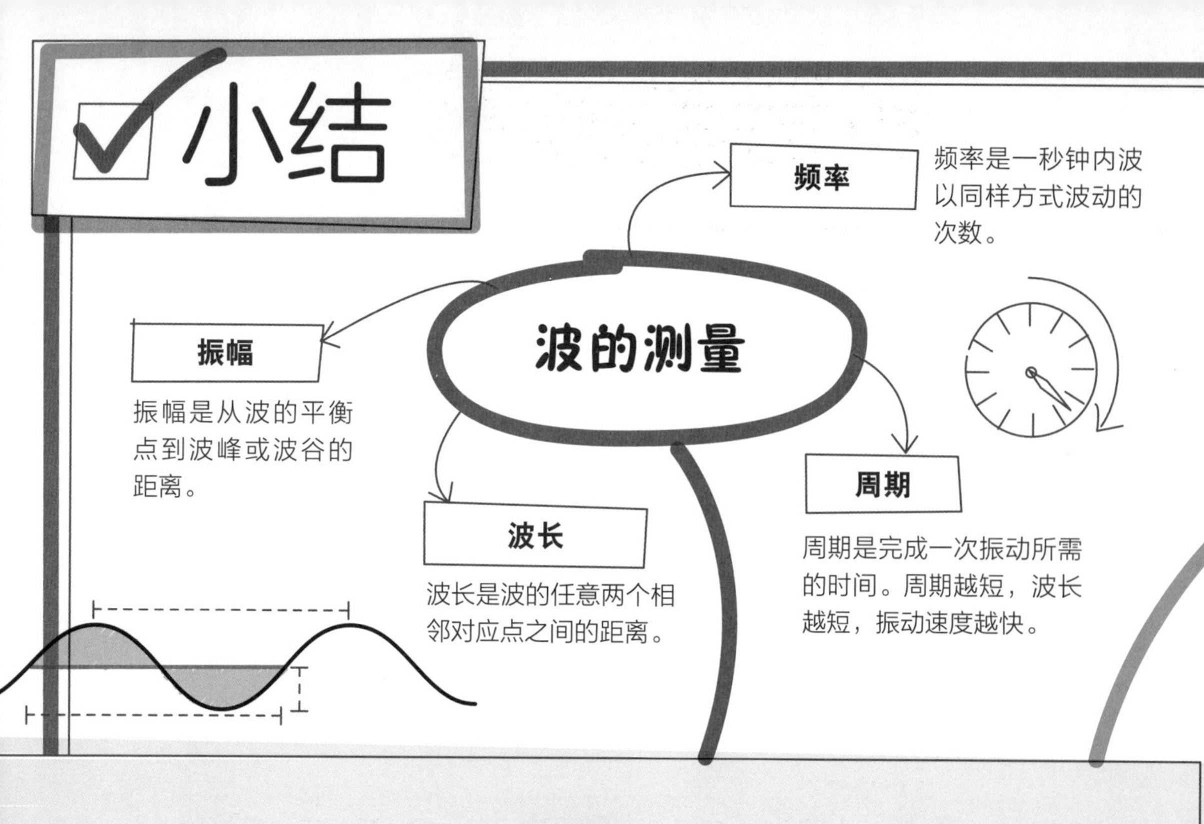

小结
波的测量
频率
频率是一秒钟内波以同样方式波动的次数。
振幅
振幅是从波的平衡点到波峰或波谷的距离。
波长
波长是波的任意两个相邻对应点之间的距离。
周期
周期是完成一次振动所需的时间。周期越短，波长越短，振动速度越快。
波

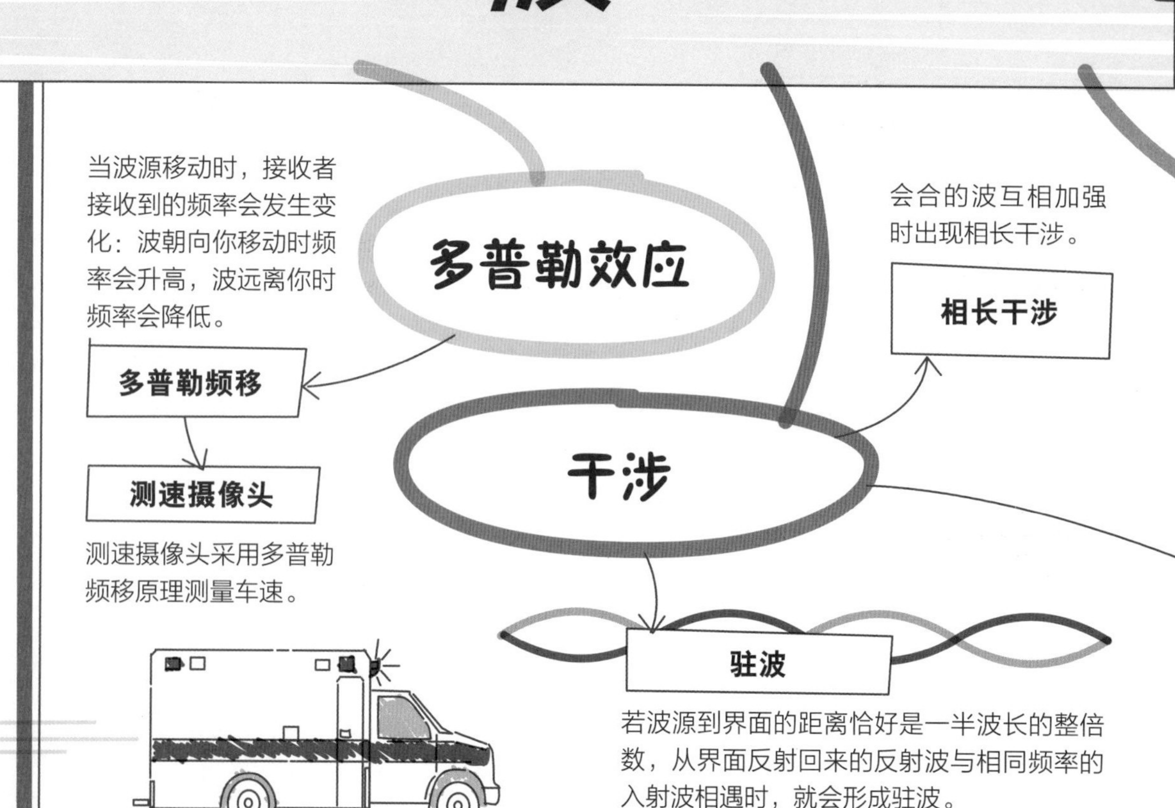

多普勒效应
当波源移动时，接收者接收到的频率会发生变化：波朝向你移动时频率会升高，波远离你时频率会降低。
多普勒频移
测速摄像头
测速摄像头采用多普勒频移原理测量车速。
干涉
会合的波互相加强时出现相长干涉。
相长干涉
驻波
若波源到界面的距离恰好是一半波长的整倍数，从界面反射回来的反射波与相同频率的入射波相遇时，就会形成驻波。

简谐振动

简谐振子

简谐振子是围绕一个平衡点来回摆动的质点。

单摆

一个系在绳子上的物体来回摆动。

质量–弹簧装置

系在绳子上的物体做垂直振动。

行波

横波

横波是相对运动方向呈90° 角振动的波，例如各种光波。

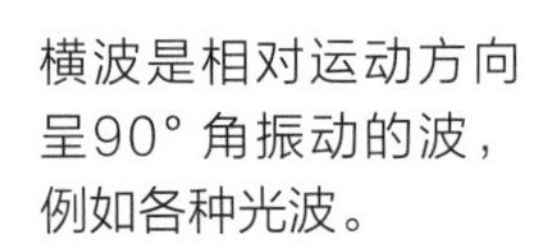

纵波

纵波是相对运动方向做平行振动的波，例如声波。

波的速度

波的速度取决于波在移动时通过的介质。

波的特性

反射

波的方向改变，但波长和速度保持不变。

衍射

波穿过一个小缝隙或靠近一个物体时会发生偏移，偏移量由该缝隙的孔径和波长共同决定。

相消干涉

会合的波互相抵消时出现相消干涉。

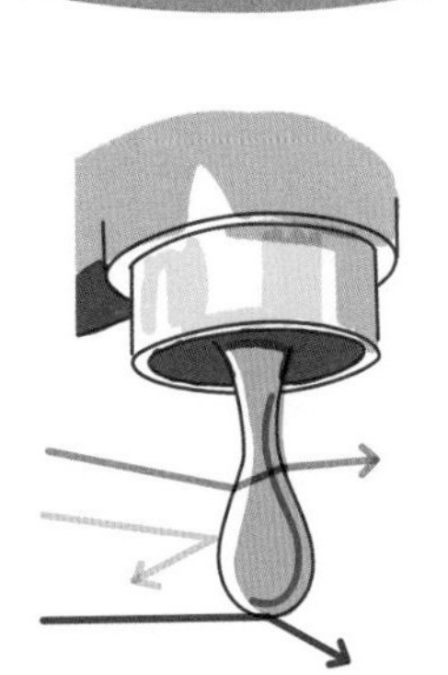

折射

折射由介质的改变引起，同时波的方向、速度和波长也会发生变化。

第九章

光学

光学是物理学的一个分支，用来探究光的特性。光是一种电磁波，因此波的所有属性同样适用于光，如反射、折射、衍射和干涉。这些属性得到了广泛应用，包括各种反射镜、透镜以及对我们生活有着巨大影响的新鲜事物——超高速宽带光导纤维电缆等。3D电影的视觉效果就是利用了光穿过3D眼镜时的偏振作用。

反射定律

所有波都能在物体表面被反射回来。所有光波（不仅是可见光）都可被反射，其反射量的多少取决于物体表面的类型。大部分材料都会吸收一部分频率的光，但有些材料，比如反射镜，反射性很强，吸收的光很少。

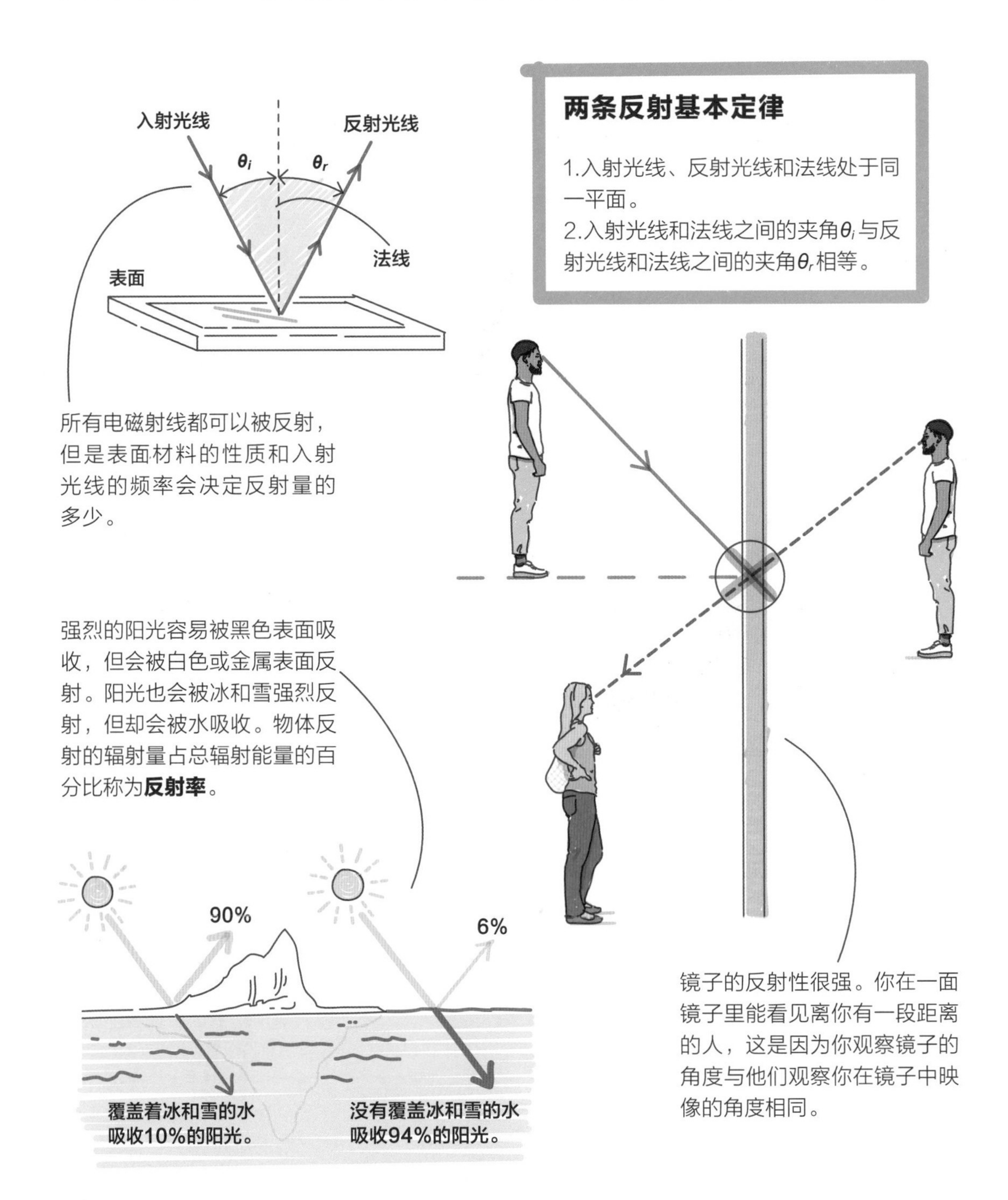

两条反射基本定律

1.入射光线、反射光线和法线处于同一平面。

2.入射光线和法线之间的夹角θ_i与反射光线和法线之间的夹角θ_r相等。

所有电磁射线都可以被反射，但是表面材料的性质和入射光线的频率会决定反射量的多少。

强烈的阳光容易被黑色表面吸收，但会被白色或金属表面反射。阳光也会被冰和雪强烈反射，但却会被水吸收。物体反射的辐射量占总辐射能量的百分比称为**反射率**。

镜子的反射性很强。你在一面镜子里能看见离你有一段距离的人，这是因为你观察镜子的角度与他们观察你在镜子中映像的角度相同。

折射、折射定律和全反射

正如你看到的那样，光线斜着从一种透明介质传播到另一种透明介质中时，光波会被折射，折射光的波长、速率和方向会发生改变，其中少量光线也会被反射，这种现象称为部分反射。

折射定律

波长、速率和方向的变化都取决于透明材料的性质，即材料的**光密度**。

光束从空气进入光密度较高的材料时，速率会减小；而光束从空气进入光密度较低的材料时，速率会变大。

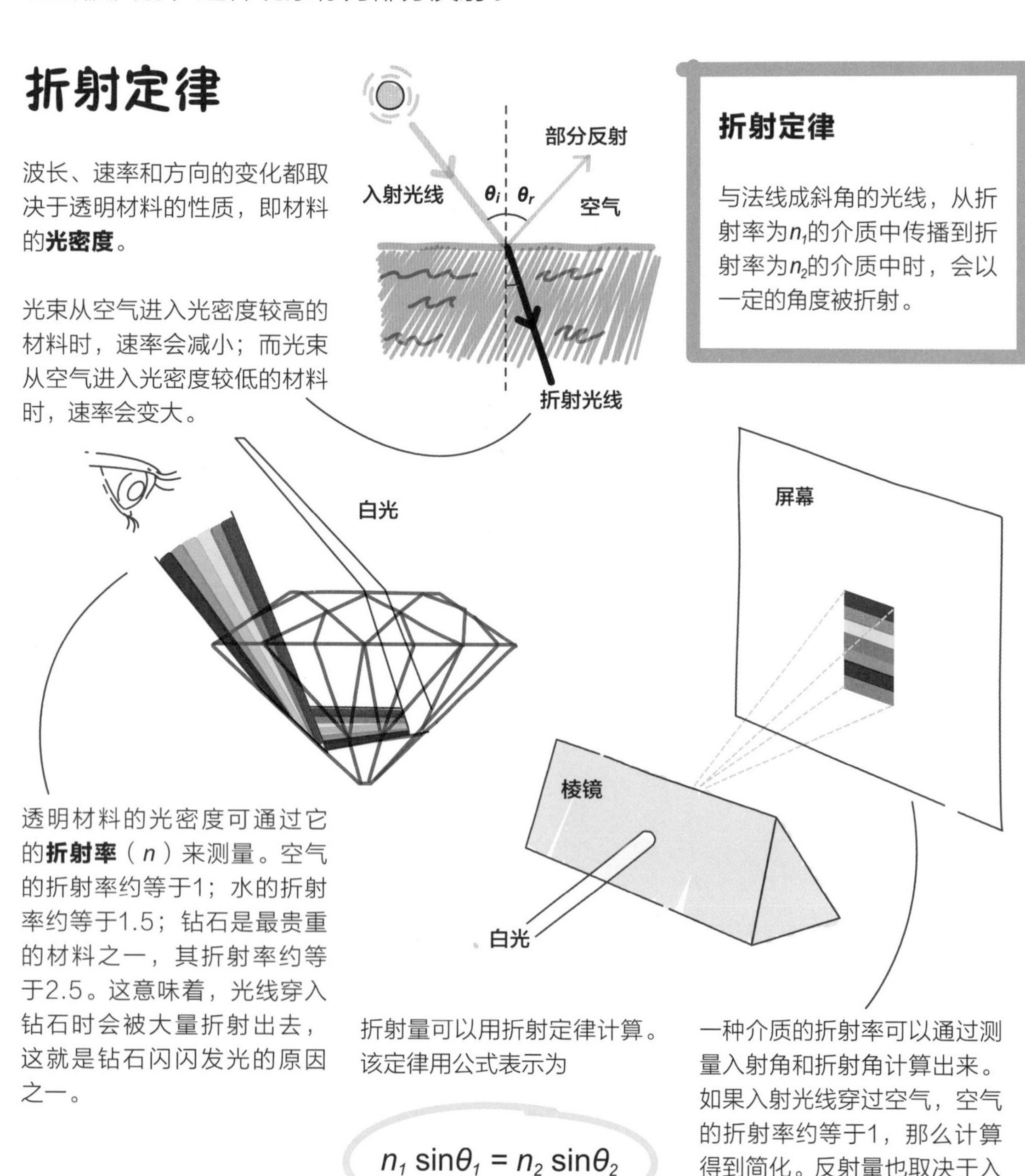

折射定律

与法线成斜角的光线，从折射率为n_1的介质中传播到折射率为n_2的介质中时，会以一定的角度被折射。

透明材料的光密度可通过它的**折射率**（n）来测量。空气的折射率约等于1；水的折射率约等于1.5；钻石是最贵重的材料之一，其折射率约等于2.5。这意味着，光线穿入钻石时会被大量折射出去，这就是钻石闪闪发光的原因之一。

折射量可以用折射定律计算。该定律用公式表示为

$$n_1 \sin\theta_1 = n_2 \sin\theta_2$$

一种介质的折射率可以通过测量入射角和折射角计算出来。如果入射光线穿过空气，空气的折射率约等于1，那么计算得到简化。反射量也取决于入射光线的波长。

全反射

如果一束光线从玻璃进入空气，它的折射角θ_r大于它的入射角θ_i 。如果入射角足够大，折射光线会与法线呈90° 角。这种入射角称为**临界角**，用字母c表示 。

利用折射定律，设定折射角为90° ，玻璃的折射率n_1=1.5，空气的折射率n_2=1，则公式为

$$1.5\sin\theta_c=1$$

临界角的计算结果是

$$\theta_c=\sin^{-1}\frac{1}{1.5}\approx 41.8^\circ$$

在这种入射角下，由于折射光线沿着玻璃与空气的界面传播，所以光线不会穿透玻璃显露出来。对任何大于该临界角的折射角，光线会全部被反射回玻璃里面，这种情形称为**全反射**。

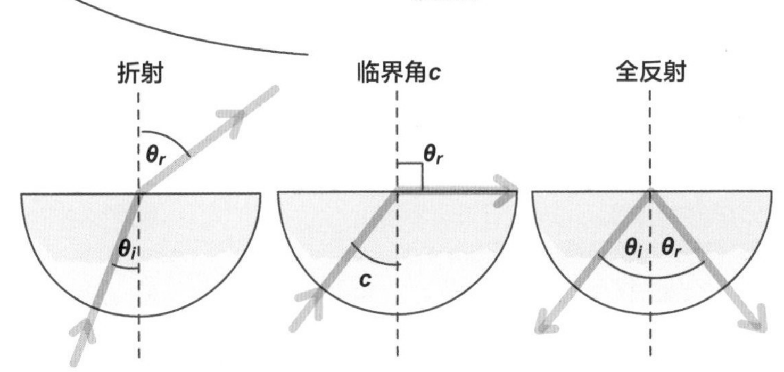

光导纤维

全反射这一特性对光在纤细的玻璃管或毛细管中传播非常有用。建立在这一基本原理上的光导纤维，曾主要应用于创造绚丽的照明效果。如今，它正在推动着互联网的发展。

光纤电缆（光缆）的应用已为通讯和互联网领域带来了革命，这意味着超高速宽带信号可以被远距离传输。

一条光缆由许多玻璃纤维构成，每一根玻璃纤维都被塑料套管保护着。将这些套管聚集在一起并包在塑料保护层内，就组成了光缆。

光缆能穿越前所未有的遥远距离，将我们的世界连接在一起。光缆可以使信息从一端到另一端被即刻分享，且几乎没有信号损耗。

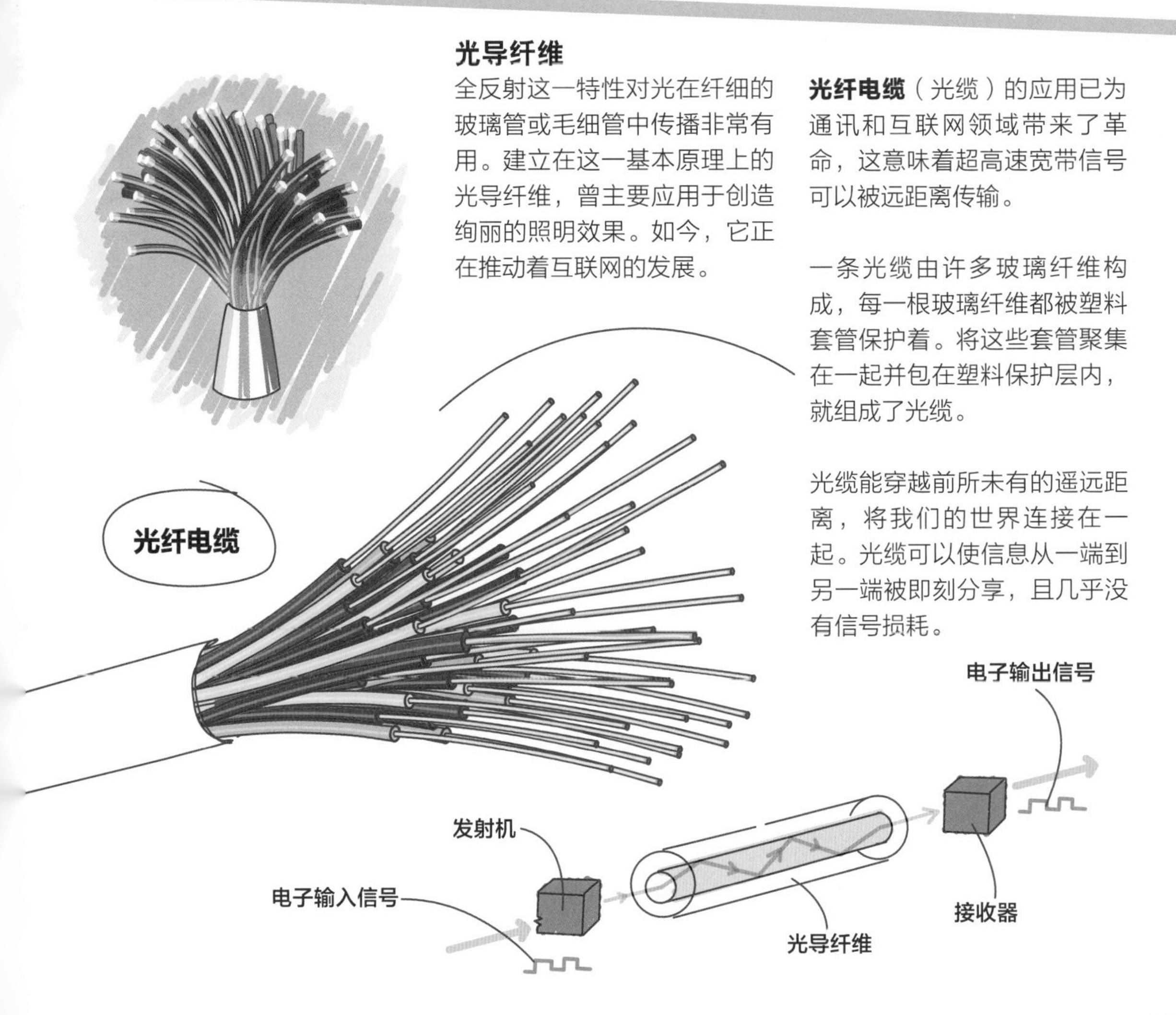

光学技术

光学技术是一种强有力的工具，它使我们制作出了用来观察微观世界的**显微镜**。另外，我们还制作了反射**光学望远镜**，用来观察宇宙中遥远的物体。光学望远镜由许多反射镜构成，反射镜直径可达10米。

透镜和反射镜

透镜是利用光的折射特性制成的。把很多束光线聚集在一个点上，如凸透镜；或使光线发散出去，如凹透镜。通过一台显微镜，透镜可以用来放大物体的图像。透镜还可以矫正人的模糊的视力，帮助晶状体（天生的透镜）恰当地聚焦。

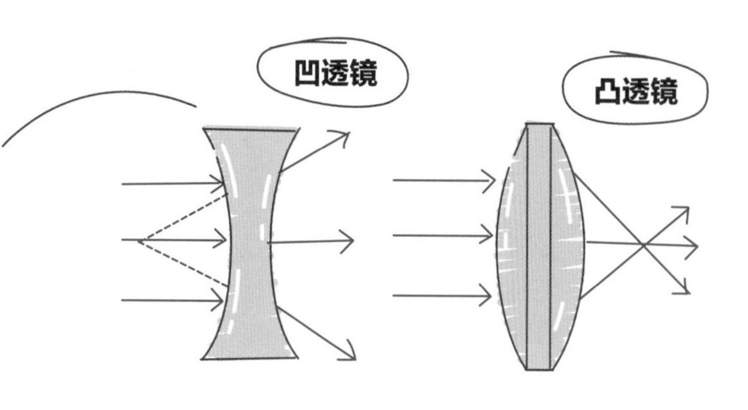

透镜有两种：凸透镜和凹透镜。**凸透镜**会把平行光线聚集在一个点上，**凹透镜**接收平行光线后会使它们向外发散。

凸透镜可以把光线聚集在一个点上，生成一个比原物体大的影像。凹透镜恰好相反，可以把一束平行光线扩宽，生成一个比原物体小的影像。

例如，通过这两种透镜分别看同一只苍蝇，会呈现出不同尺寸的影像。

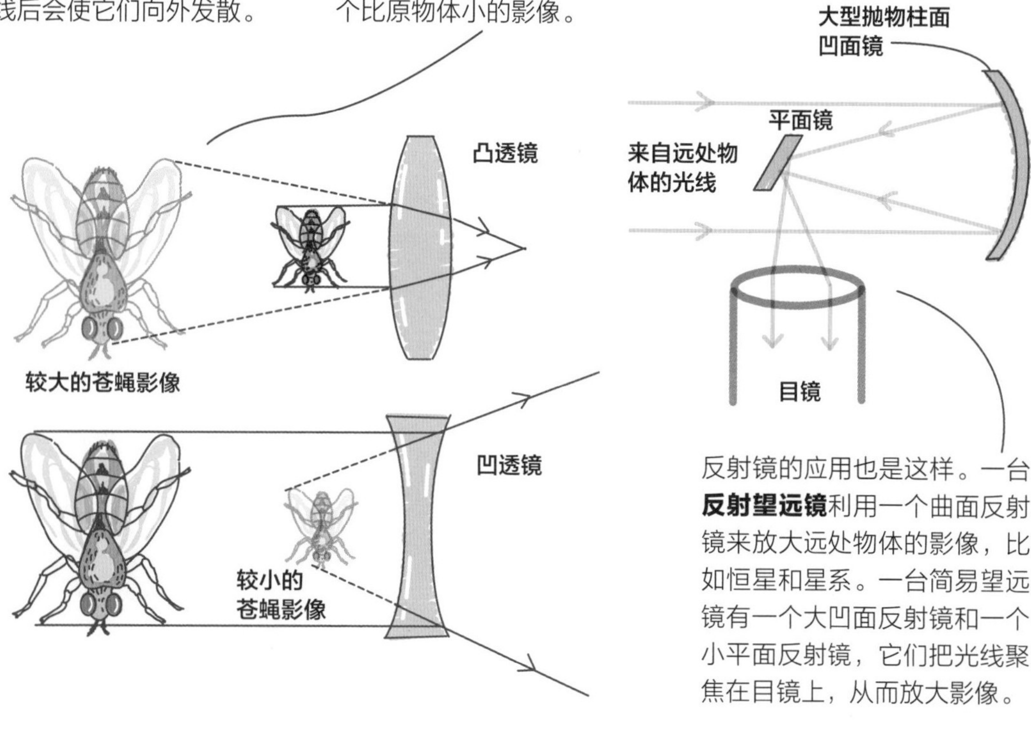

反射镜的应用也是这样。一台**反射望远镜**利用一个曲面反射镜来放大远处物体的影像，比如恒星和星系。一台简易望远镜有一个大凹面反射镜和一个小平面反射镜，它们把光线聚焦在目镜上，从而放大影像。

实像和虚像

通过透镜和反射镜生成的影像有**实像和虚像**两种。

光线穿过透镜后，先把它们聚集在一点上，然后再投射到屏幕上，这样获得的影像就是实像。电影院里，放映机投射的影像就是实像。

先使手电筒发出的光穿过画有图像的描图纸（透明幻灯片），再用凸透镜把光聚集到屏幕上，这就是投影仪的基本工作原理。投射到屏幕上的影像是真实的，却是上下颠倒的**倒置**图像。

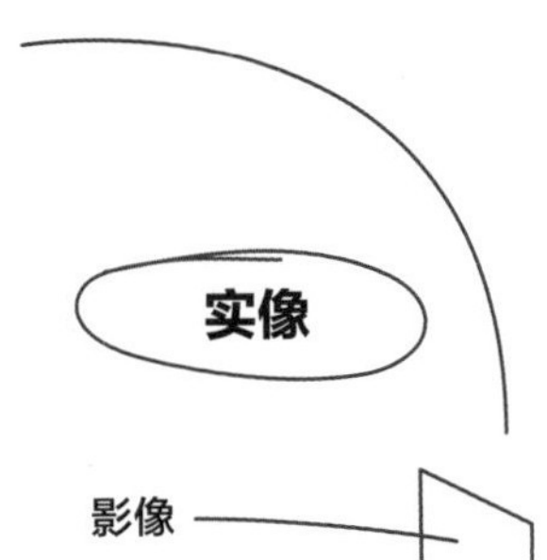

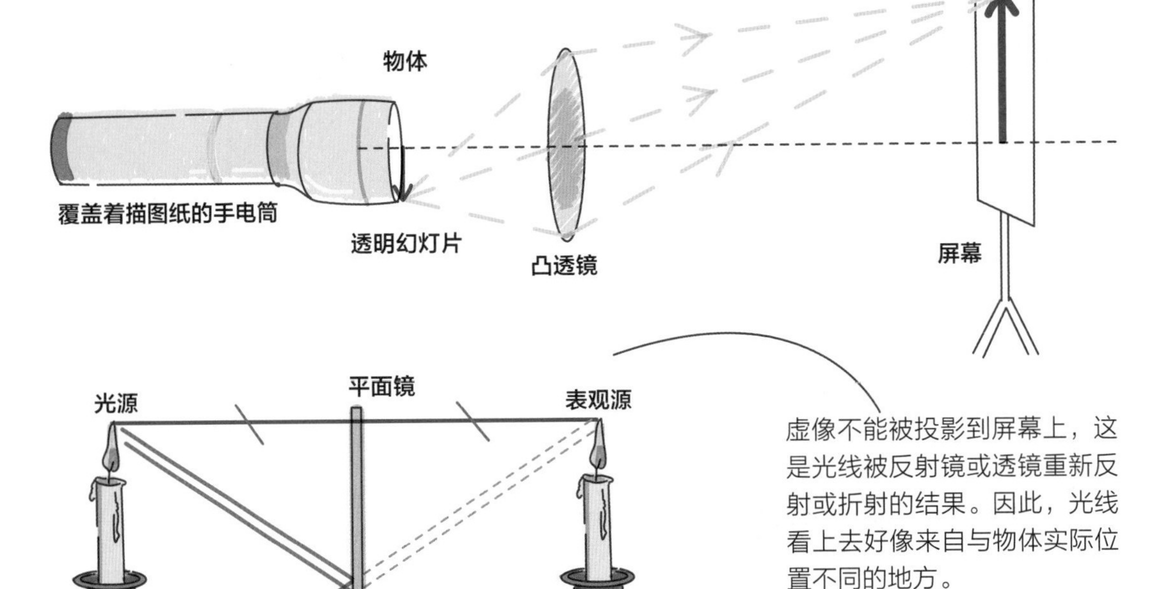

虚像不能被投影到屏幕上，这是光线被反射镜或透镜重新反射或折射的结果。因此，光线看上去好像来自与物体实际位置不同的地方。

想象一下，一支蜡烛发出的光经平面反射镜反射后，人们以一定角度从反射镜中看到蜡烛的影像。这个影像看上去好像来自反射镜的后面，影像到平面反射镜的距离和蜡烛到平面反射镜的距离相等。

虚像

虚像

F

物体

F

透镜同样可以生成虚像。如果物体到会聚透镜或凸透镜有一定距离，来自该物体的光线就会被聚集成不平行的光线。沿着直线追踪这些聚集光线的源头时，该物体的影像看起来好像来自更遥远的位置，而且看起来更大。

注意，这个影像位于该物体同一方向的上方位置。

光的特性

太阳光是来自同一系列不同频率的大量电磁光子，由交错的电场和磁场组成。当光子经过太空时，每一个光子的电场和磁场都以不同方式定向行进。当它们进入地球大气层时，许多光子被散射，它们的方向会发生变化。

偏振

挑选出电磁场按一定方向排列的特定光子，这称为光的**偏振**。**偏光玻璃透镜**（或偏光镜）只允许一个偏振方向的光线通过，其他偏振方向的光子不能通过，这样就减少了通过透镜的光线总量。

基于这一原因，偏光透镜常常被应用于太阳镜，可减少刺眼的阳光进入眼睛的总量。

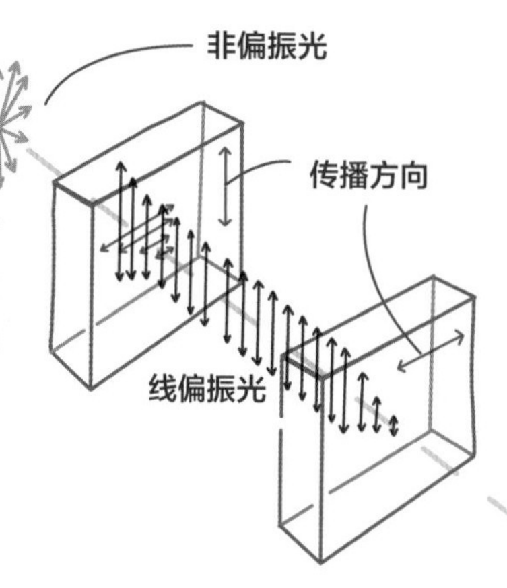

光束

垂直的偏光镜

垂直偏振光波

如果将两副偏光镜组合在一起，其中一副只让竖直偏振光通过，另一副只让水平偏振光通过，结果是没有任何光线可以通过第二副偏光镜。

电影院中使用的3D眼镜就是一个实例。我们之所以能看到3D影像，是因为左右眼观察世界的视角略有不同。3D电影院的立体影像是这样形成的：分别挑选竖直和水平偏振光影像，让左右眼从不同视角观看屏幕，一只眼睛看到一段影像，另一只眼睛看到视角稍有不同的影像，就如同在现实生活中一样。

3D电影院

竖直偏光镜

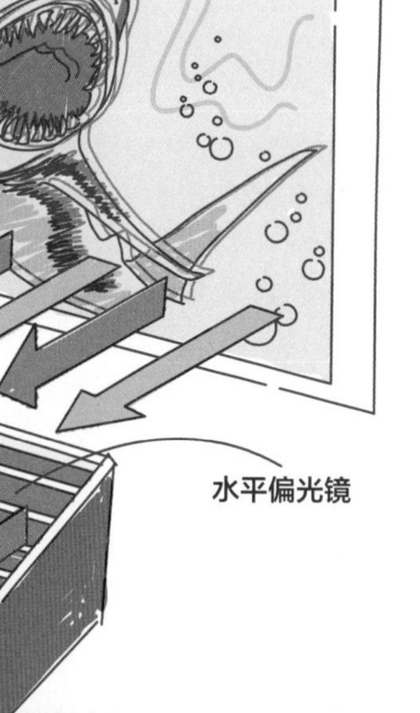

散射

云层中的水蒸气从各个方向吸收和散射光线。透过飞机的舷窗向外看，云显得洁白、松软，其泡沫状结构把大多数光波反射回高层大气。从地面上看，天空的云有效阻挡了大部分阳光。多云天气时，一些光线仍能到达地球表面，但多数光线都会通过反射被散射回太空。

白光向各个方向散射

一些光线穿过了云层

日光中多数频率的光波都会被大气中的各种元素和分子吸收，随着粒子温度升高，大气分子通常又会产生不同波长的电磁波并重新传播，例如红外线。

大气层能保护我们免受多种辐射伤害，例如来自其他宇宙事件的紫外线和X射线。

日光的频率

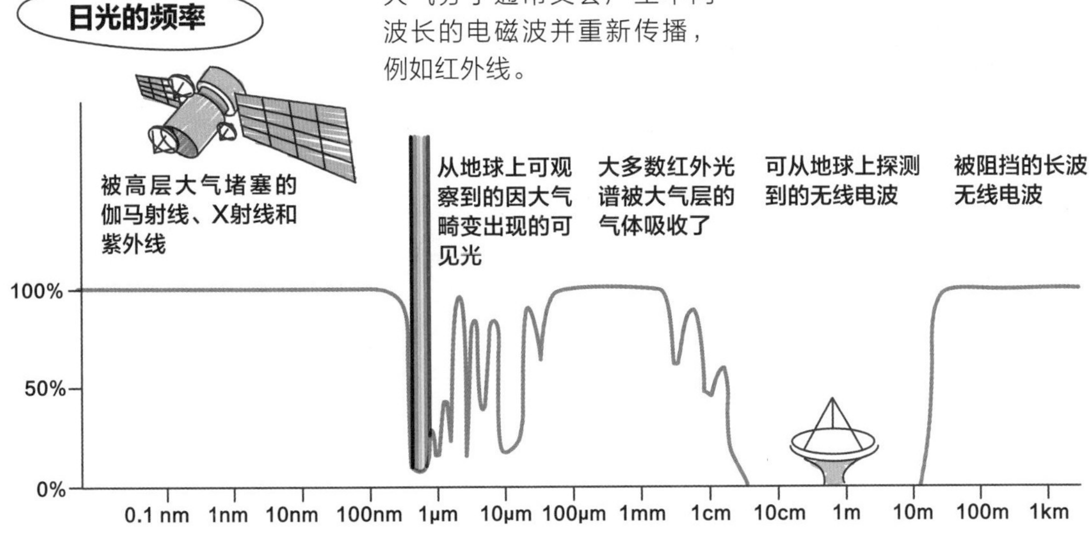

日光使地面和海洋的温度升高，并将其作为热量存储起来，随后又通过**红外辐射**的形式重返大气层。

这种红外辐射的波长意味着某些气体（如二氧化碳）能阻止红外辐射在温度升高时进入大气层。这些气体被称为温室气体。在地球大气层中，这些气体的总量决定着因辐射而流失的热量。

温室气体

天空的颜色

如前一章所述，天空呈现绚丽多彩的颜色，是因为太阳辐射被散射了。太阳的白色光由多种颜色组成，当它照射到物体表面时，一些频率的光被吸收，一些频率的光被反射。大气层中，蓝色光会被散射，而其他不同颜色的可见光则能直接穿过大气层，使天空呈现蔚蓝色。

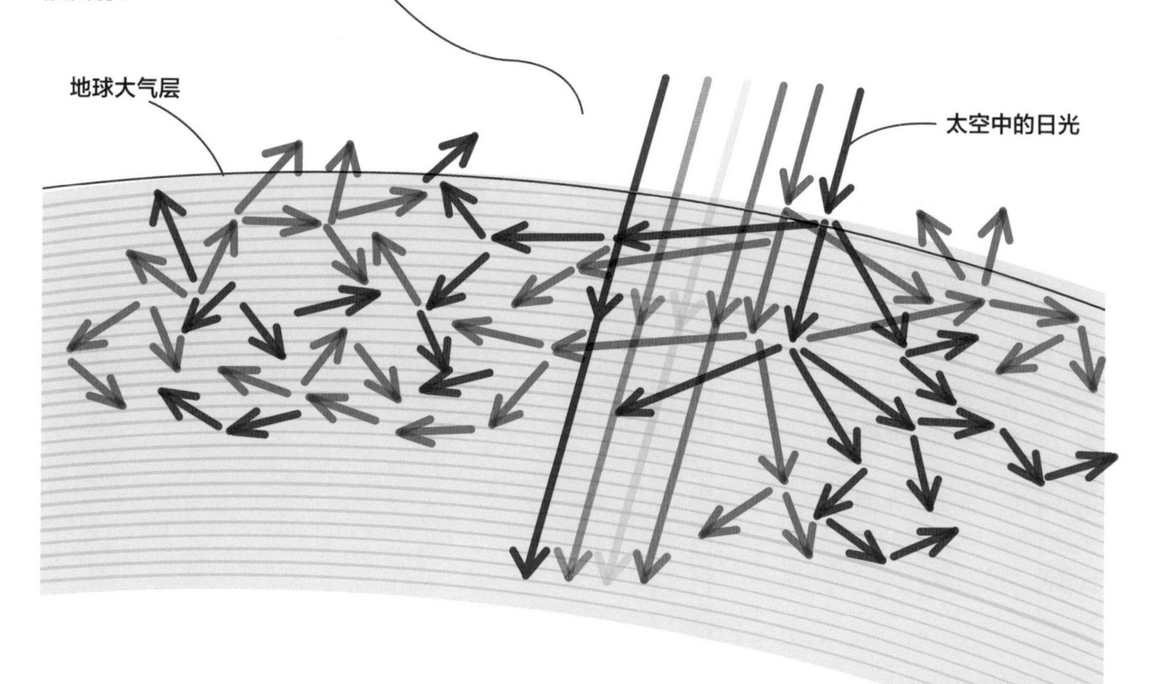

晚霞

当大气中存在微小的尘埃颗粒时（通常是因为有高气压存在），天空会呈红色。这是因为，除红色光可以直接通过大气外，其他光都被散射了。这种情况通常发生在日出或日落时，此时尘埃颗粒与地面距离较近，而太阳与地面的角度较小，阳光穿过大气层所需的距离较长。

当阳光与大量尘埃颗粒相互作用时，除了红色光外，其他光均被散射了。这时，人们看到的光主要是由频率较低的红光组成的，因此就会出现美丽的晚霞。

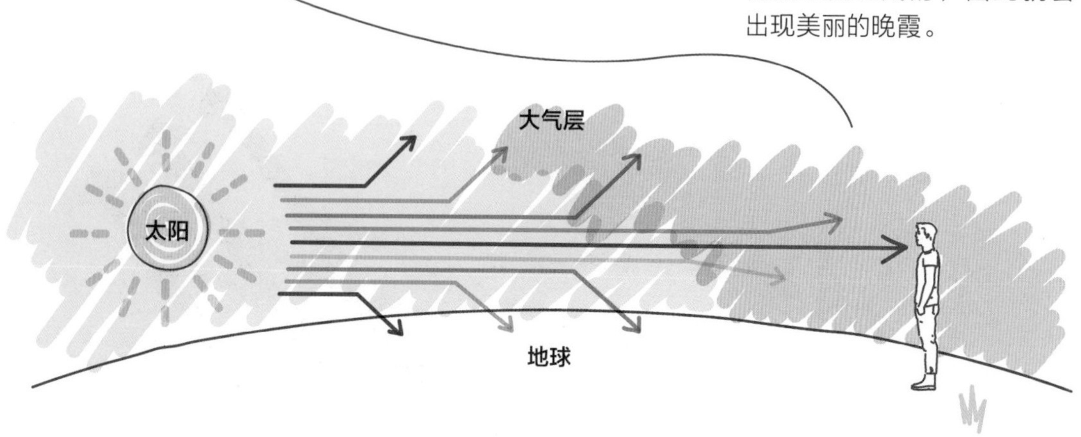

干涉与干涉测量

波的干涉现象可以导致不同的观测效果。借助迈克耳孙干涉仪，我们可以确定光的波长，甚至能检测出波的细微运动。

薄膜干涉

如果在物体表面覆盖一层清洁剂或油形成的透明薄膜，在阳光照射下物体表面会产生多种颜色，这些颜色互相叠加、交错。这种现象称为**薄膜干涉**。

由于薄膜的厚度会有轻微变化，相长干涉的位置会随着光线波长和颜色的变化而改变，从而在水面上呈现彩虹般的图案。

设想一下，池塘的水面上浮着一层浮油，待浮油散开后形成一层很薄的油膜。

当阳光照在油膜表面时，一些光线穿过油膜表面，到达油膜底层后被反射回来，而其他光线则在油膜表面被立即反射。

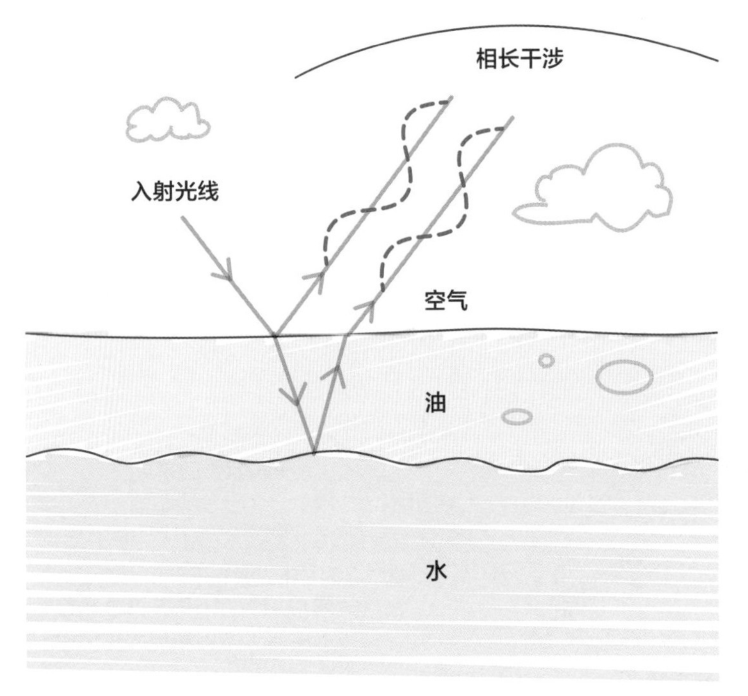

在有些情形下，两种光波同步离开油膜表面（波峰与波峰相遇，或波谷与波谷相遇），会引起**相长干涉**，从而产生更大的振幅，使水面上的色彩显得更鲜亮。

在这里，油膜的厚度十分关键。不同的厚度会加重不同波长的不同色彩。油层的厚度应该是颜色被加重的光波波长的精确倍数，这会确保这两种光波（从油膜表面反射的以及从油膜最底层反射的光波）的波长都是精确的整数。

迈克耳孙·干涉仪

阿尔伯特·亚伯拉罕·迈克耳孙（Albert Abraham Michelson）是出生于德国的美国物理学家，他证明了光速在真空中恒定的基本原理。另外，他还发明了**迈克耳孙干涉仪**，利用光波干涉原理测量光波波长的微小变化。

一束**单色**（一种颜色）激光可以通过一面半透明反射镜被分成两束光线，并分别通过两个臂照射到位于臂末端的反射镜上。

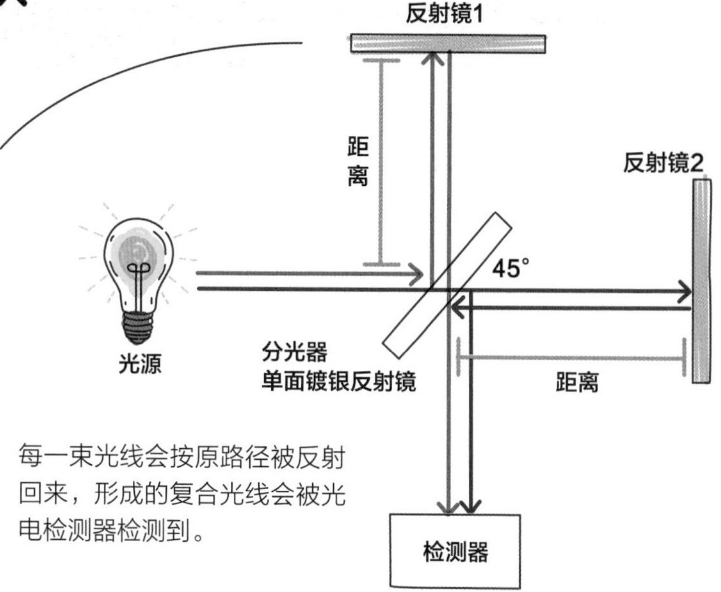

每一束光线会按原路径被反射回来，形成的复合光线会被光电检测器检测到。

检波器

迈克耳孙干涉仪的一个臂可以移动并能改变长度。如果两个臂的长度相同，那么光线会同相到达并产生相长干涉。如果一条臂的长度发生变化，两束光线就不能同相到达，检波器就会记录下因干涉而产生的条纹的变化。

因为激光的波长是已知的，其波长的微小变化都会通过条纹的变化被计算出来。迈克耳孙干涉仪的灵敏度大约是纳米级的（10^{-9}米）。

在加州理工学院的激光干涉引力波天文台上，人们利用一台超大型的迈克耳孙干涉仪检测时空的细微变化。这种变化是由黑洞融合导致的引力波造成的。这台检测器的灵敏度可以达到一个质子直径的万分之一。

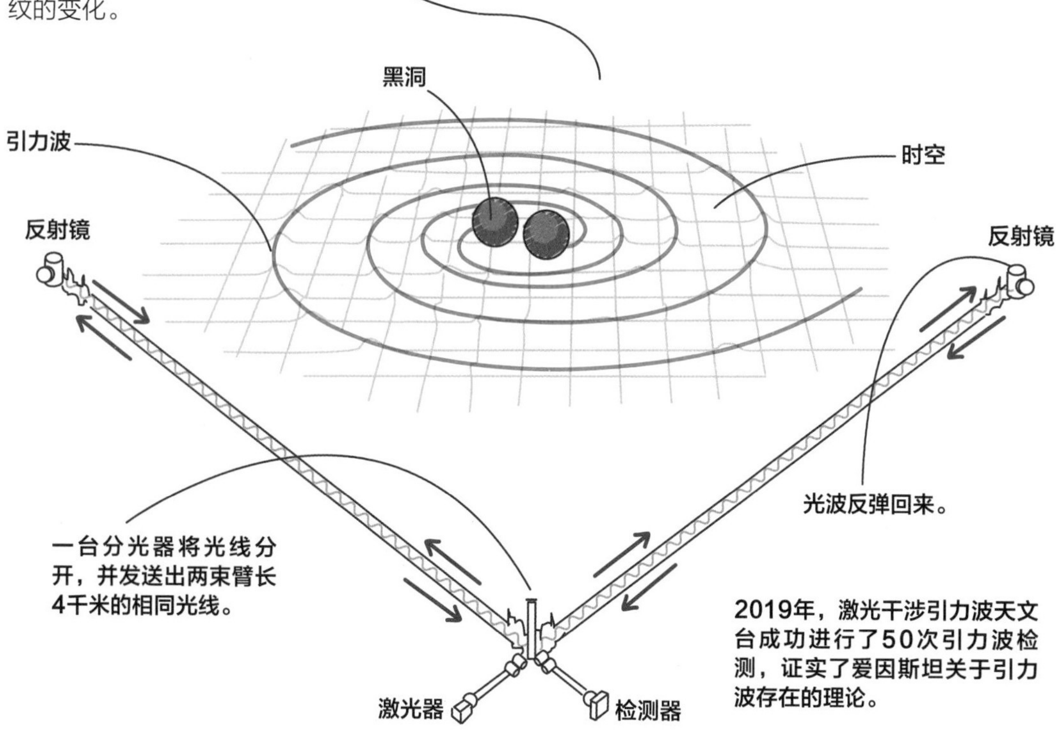

双狭缝干涉

为了计算光波波长，英国科学家托马斯·扬（Thomas Young）在19世纪初期首先进行了双狭缝实验。

该实验用单色光源照射竖直狭缝，从而得到一束直线光束。这束光入射到两个分开的竖直小狭缝中，两者之间的距离（*d*）很短。两束光线分别从各自的小缝隙中衍射出来，从而产生两个环形波阵面。

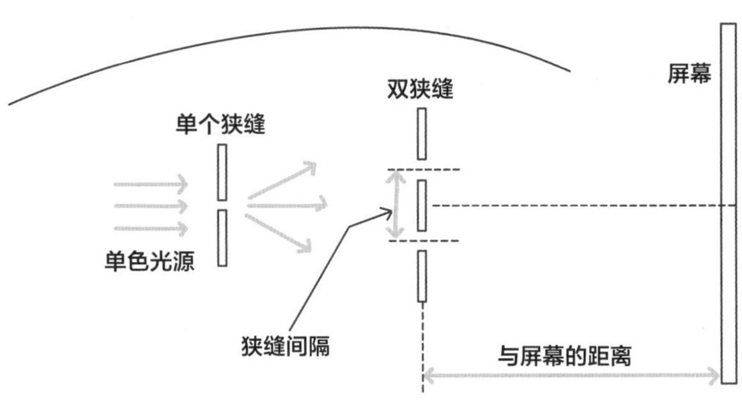

当波阵面同时产生并相遇时，二者之间会产生相长干涉和相消干涉，并相应生成亮色和暗色区域。

如果将这种复合图案投射到屏幕上，会展现出一系列称为**干涉图样**的亮色和暗色条纹。

来自狭缝的两束光线会彼此近似平行到达屏幕上的*P*点，如果两束光线的路径差Δ*l*是其波长的精确整数倍，两束光线则同相到达*P*点，这时就会形成一条明亮的条纹。

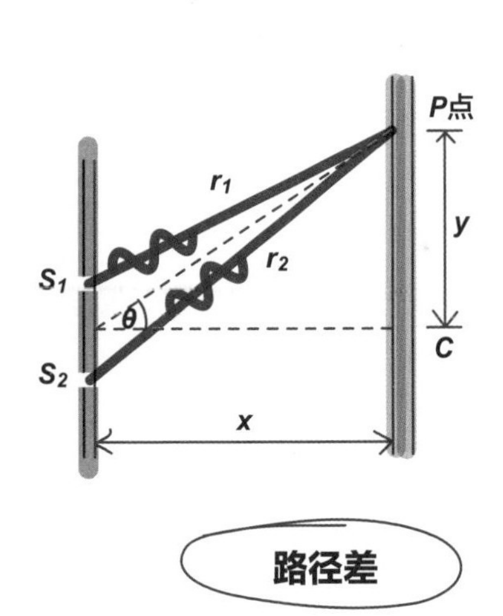

路径差

屏幕输出

这种条纹将沿着屏幕上的不同点出现，随着每一个明亮条纹逐渐远离屏幕中心点，其亮度就会逐渐减弱。

在屏幕中心两边的第一组明亮条纹，其路径差的最大值恰好与一个波长相同。在第二组明亮区中，两条光波会间隔两个波长到达屏幕，其他以此类推，即*n*=1，*n*=2，*n*=3等，表明光波到达屏幕时其间隔的波长数。

以上内容用公式可表示为

$$d\sin\theta = n\lambda$$

其中，*d*是狭缝的间隔距离，*n*是屏幕上距离中心点的明亮条纹数量，*θ*是中心线与明亮条纹的光线路径形成的夹角。使用这一公式和测量得到的*θ*值，就可以计算出光线的波长。

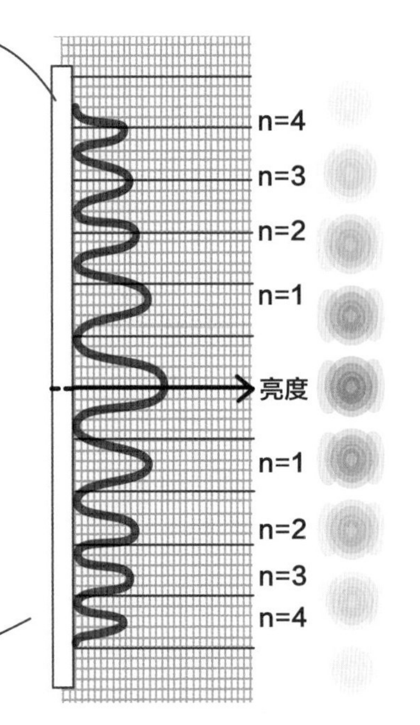

小结

光学

反射

入射光线

入射光线是照射到反射面上的光线。

入射角

入射角是入射光线与法线形成的角。

反射光线

反射光线是从物体表面反射回来的光线。

反射角

反射角是反射光线与法线形成的角。

反射定律

1.入射光线、反射光线和法线都处于同一平面。

2.入射角和反射角相等。

干涉

薄膜干涉

薄膜干涉是光线从一层薄膜的外表面和内表面反射产生的相长干涉，例如油膜。

干涉测量

干涉测量使用光波干涉来测量距离和收集数据。

迈克耳孙干涉仪

这种仪器可把一束沿着两臂行进的光线分为两束，当它们反射回来时可产生干涉现象。

双狭缝干涉

当两束相干光线干涉时会产生双缝干涉，形成亮色条纹和暗色区域。

光的特性

偏振

从一个光源中选出一个光的振动平面，排除其他平面。

折射

折射定律

折射定律用来计算一束光线通过两个折射率不同的透明介质时所形成的折射角。

$$n_1 \sin\theta_1 = n_2 \sin\theta_2$$

折射角

折射角是一束折射光线与法线在两种介质边界处所形成的夹角。

折射率

折射率*n*用于测量透明介质的光密度。空气的光密度为1，钻石的光密度为2.5。

全反射

光线以大于临界角的入射角从玻璃射入界面，会被反射回玻璃内。

临界角

临界角是一束光线从玻璃进入空气时，折射角为90°的入射角。

光纤电缆

光纤电缆利用全反射在玻璃管内传输超高速宽带信号。

反射镜和透镜

实像

实像是可以被直接投射到屏幕上并倒置显示的影像。

虚像

虚像是光线改变方向时形成的影像，该物体的影像看上去好像在别的地方，不能在光屏上得到；虚像是正立像。

散射

一束光线可以被一个物体向各个方向反射，并被吸收和重新传播，有时波长会不一样。

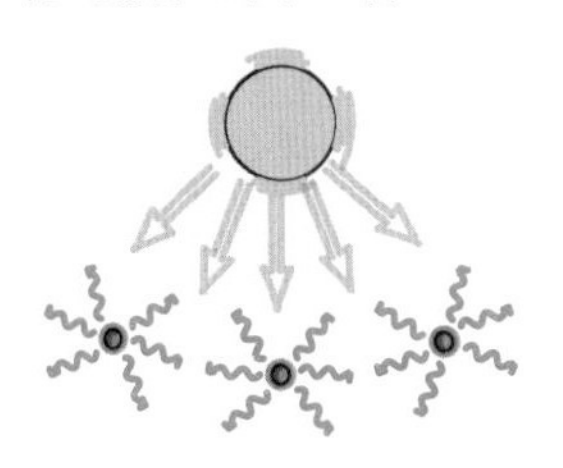

反射镜

凹面镜

凹面镜用来聚集光线形成一个倒置的影像；用于大型反射望远镜。

凸面镜

凸面镜帮助形成开阔的视野和正影像；用于汽车的后视镜。

透镜

凹透镜

凹透镜使光束发散。

凸透镜

凸透镜将光束聚集于一点。

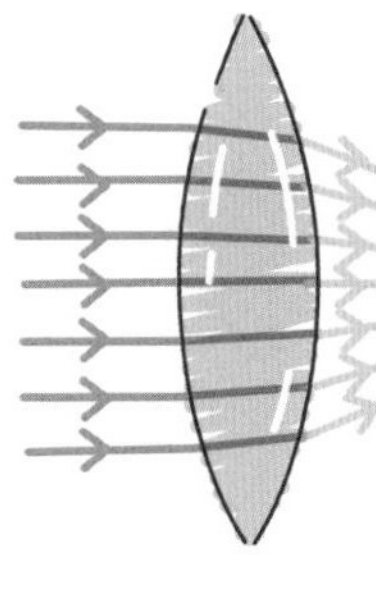

第十章

热力学

作为物理学的一个分支，热力学研究的是在一个系统内部，热能通过机械功、辐射和传导进行传递的过程。系统内的所有粒子都具有动能，这种动能是通过运动产生的，如固体状态下的粒子的振动和液体与气体状态下的粒子的速度。固体含有围绕一个点进行振荡的振动原子，它们可把能量传递给相邻的粒子；液体和气体含有可以自由移动的粒子。能量以热传递的形式被输送到这些系统的周围。

温度

温度是对气体、液体或固体中的能量进行测量的一项准确指标。通过衡量介质内粒子**动能**的平均值，可以定义粒子的运动。粒子可以在一个固体内来回振荡，如在金属条内。粒子也可以在液体里从一个地方移动到另一个地方，如在水或汽油中。

振荡本质上是循环往复的，会在固定的时间周期内不断重复。随着时间的推移，系统的能量逐渐丧失（或获得），振动的最大量值（振幅）也会发生变化。

一个简谐振子有一个指向其回到平衡位置的回复力，力的大小直接取决于位移的大小。

空气膨胀

水的膨胀

三种温标

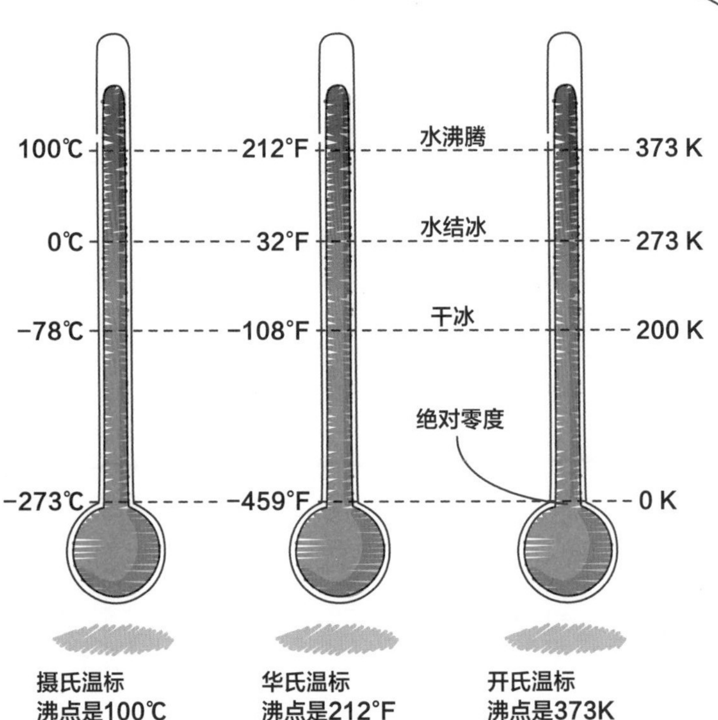

测量温度时，我们通常采用**华氏温度**（℉）或**摄氏温度**（℃），物理学家们则用**开氏温度**（K）。

摄氏温度和华氏温度都是在同一大气压（压强单位N/m^2，又称**帕斯卡**）下利用水的冰点和沸点进行定义的。水结冰时，由于分子的平均动能减小以及分子不再自由移动，液体从液态转化为固态。

当动能足以打破分子间的键合时，水就会沸腾并变成气态。

开氏温标以**绝对零度**为基准，在这一温度下任何固体分子都没有动能，固体内也就不会有原子、分子的振动。

热传递

物质受热能作用（受热）时，会出现一系列不同反应：分子动能增加，物质的温度随之上升；物质形态也可能发生改变，比如从固体变为液体，从液体变为气体，从固体变为气体，从气体变为等离子体。此外，它的体积和压强也会发生变化。

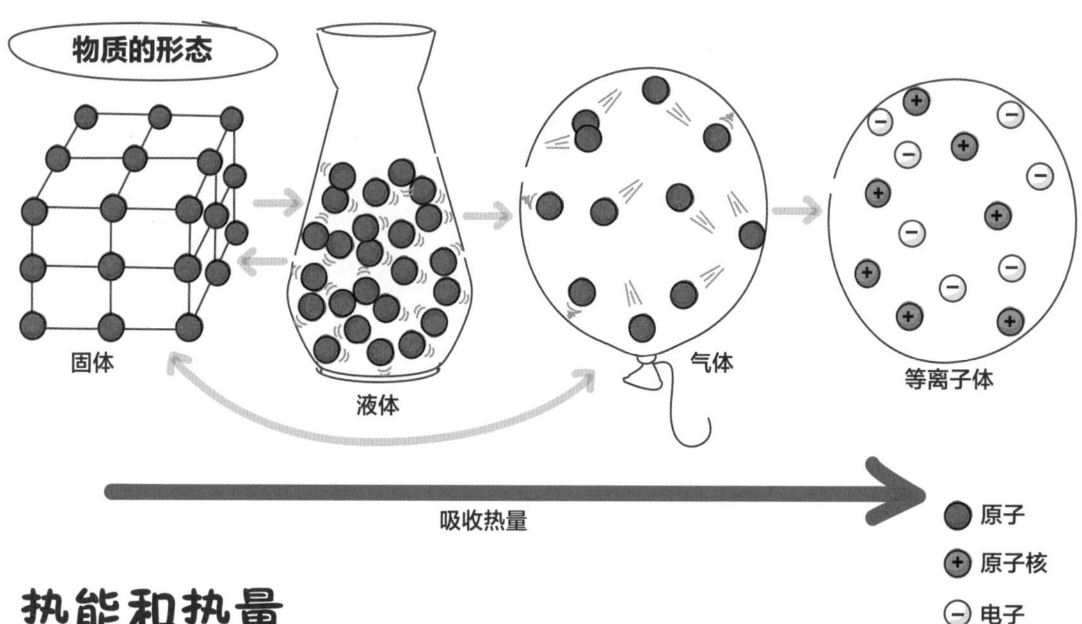

热能和热量

一个系统中含有的能量值称为热能，计量单位为焦耳，简称焦。我们用它来衡量系统中粒子运动的动能。

热量是从较热物体向较冷物体传递的能量。以电热壶为例，它里面盛满了凉水，其温度通常在15℃（59℉）左右，但要沏一壶好茶，你需要把水烧开。

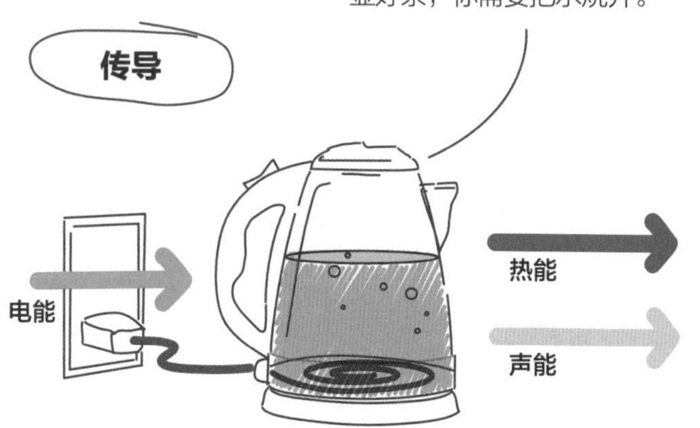

这个例子中，电热壶里装有一组电热丝，这是一种给水加热的电器。当水与电热丝的表面接触时，水分子就会获得动能，增强了水分子的运动，这种热传递过程称为**传导**。热的电热丝将热量传递给水，水分子的动能增加，进而就会沸腾起来。由于热量从电热丝传递给了水，直接导致两个独立物体（水和电热丝）实现了热平衡。在这个过程中，一些能量因为遗漏到周围环境中，就被浪费掉了。

热膨胀

液体和固体不会因热量传入而显著膨胀，因此，虽然它们的温度升高，但体积变化很小。例如，给一根铁条加热会增加其分子的动能，这时，铁条变得很热，但其体积几乎不会增大。

气体吸收热量后，它的粒子动能增加了，由于它们不像固体那样受到强制约束，气体中粒子的运动会更加强烈。

摩擦力

轮胎膨胀

变热

如果被加热的气体可以自由膨胀，气体的体积就会增大。正在做功的汽车发动机气缸内，液体燃料被火花塞点燃，热气体迅速膨胀，从而推动活塞。

如果气体体积是固定的，例如汽车轮胎内的气体，那么气体因吸收摩擦产生的热量而温度升高，压强增大。汽车因刹车而打滑时，这种情况就会发生，产生的摩擦力会使轮胎变热。

活塞

废气

膨胀的气体

火花点燃气体

转动

壁球比赛刚开始时，壁球很容易被压扁，这是因为壁球内的气压很小，这时它不能弹得很远。壁球受到击打时，冲击带来的动能传至球内的气体分子，壁球分子的热运动速度加快，温度升高，体积膨胀，壁球里会产生更大的力量。这时，球体表面变得更坚硬且不易被压缩，壁球会弹得更高。

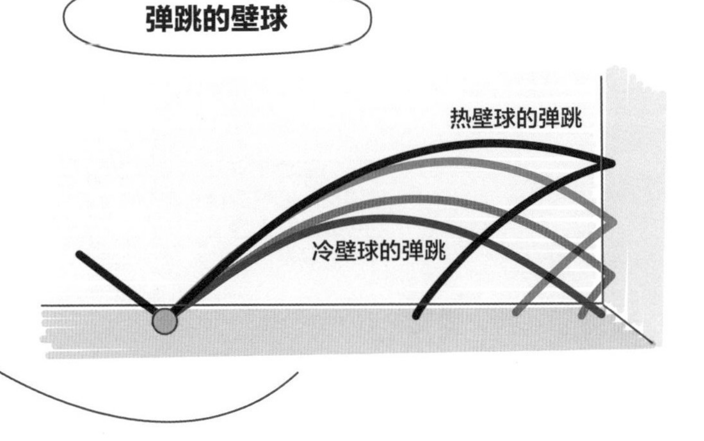

加热和冷却

热量可以传入物体内部，并使其温度升高；还可从物体内流出，从而使其温度降低。热量的流动方向取决于温度的差异。这些情况我们经常可以见到，从简单的食品加热到复杂的气象系统，不一而足。

物体变热或变冷，取决于自身能量的多少，即系统的内能。当热量传入一个物体时，其温度一般会升高，升高多少与物体本身的材料有关。

汗水的蒸发会带走热量，所以人会觉得凉快。

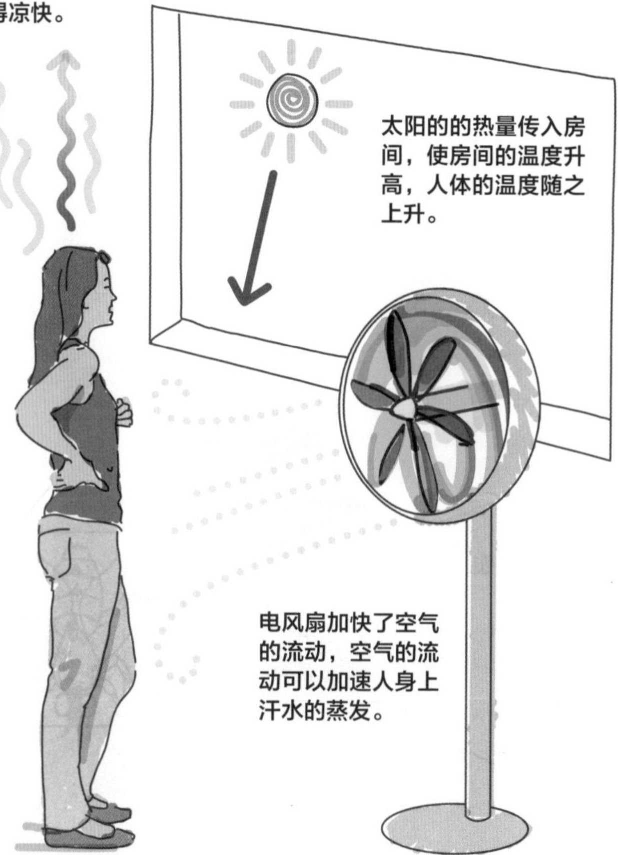

太阳的的热量传入房间，使房间的温度升高，人体的温度随之上升。

电风扇加快了空气的流动，空气的流动可以加速人身上汗水的蒸发。

例如，水很适合存储热量，虽然它能吸收大量能量，但温度升高的幅度很小。这就是海洋在春天需要很长时间才能变暖，以及大多数引擎用水作冷却剂的原因。

物体吸收或释放热量，其内能会改变，但物体本身的温度不一定改变。

冰熔化时，吸收热量，内能增加，温度仍为0℃。

温度梯度

湖泊中的冷水受到阳光照射。通过太阳**辐射**，湖水吸收了热量；热**传导**使得周围温暖空气的动能传递给表层的湖水，从而提高水分子的动能和温度。湖泊中不同温度的水层通过**对流**混合在一起。

日落时，湖水周围空气的温度随之降低，逐渐降至比湖水温度更低。空气和水之间的温度差称为**温度梯度**。热量从湖泊流进夜晚的空气里，湖水的温度降低。热量总是从较热的区域流向较冷的区域，直到两个区域温度变得相同。

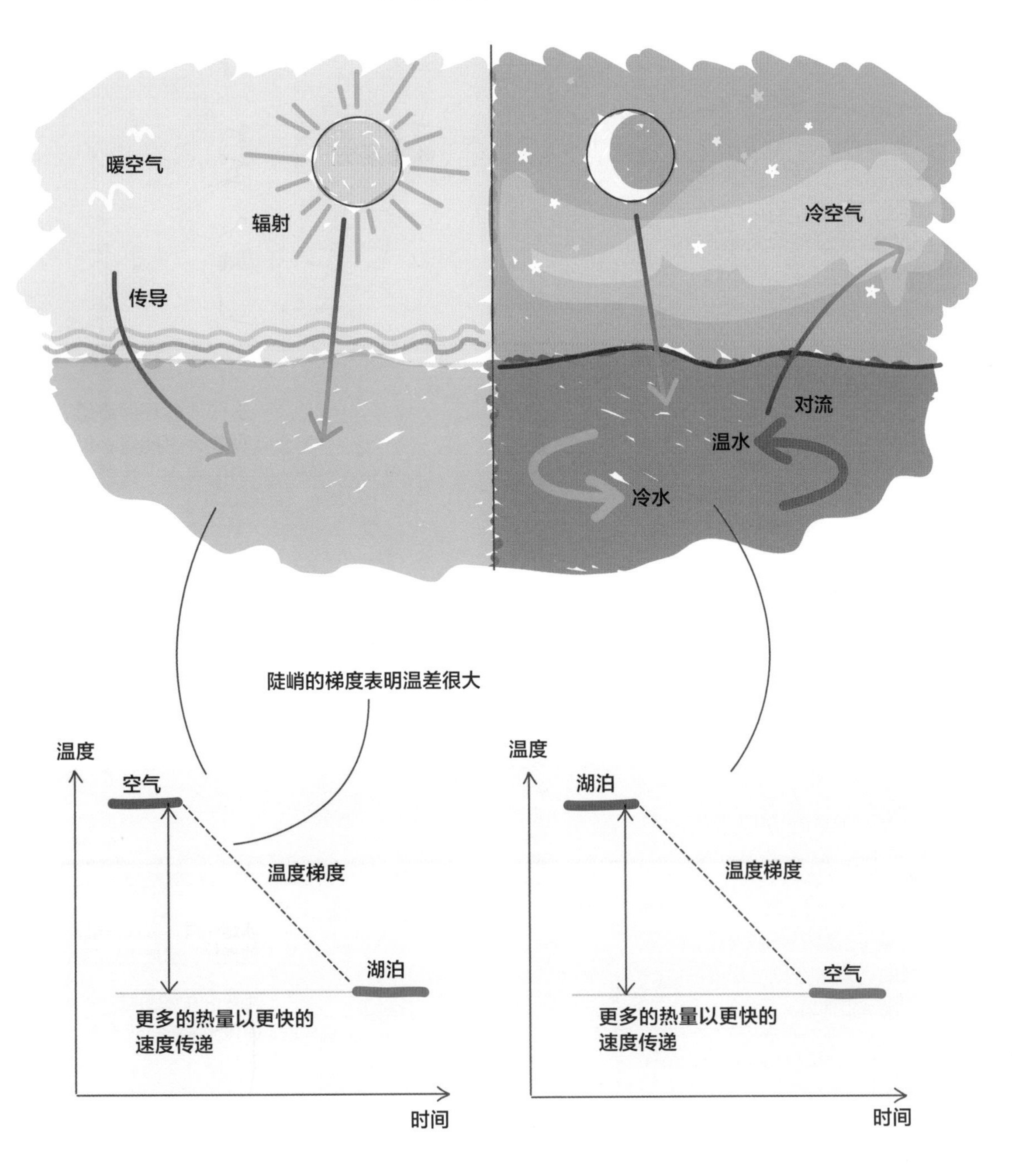

热力学定律

涉及热力学的定律有四个。它们决定热量流入或流出系统，以及能量的传递如何改变系统状态。让我们来看看前两个定律。

热力学第一定律

热力学第一定律是关于热量流入和流出一个系统、系统的内能以及因系统膨胀做功的定律。本质上讲，这一定律是能量守恒定律的另一种表述形式。

设想一个充满气体的容器，由一个固定在一端密封的圆筒以及一个在另一端的可以自由移动的活塞组成。圆筒内的气体具有热能并对圆筒壁和活塞施加一定压力。在特定温度下，气体的体积是固定的，因此，系统处于静态。

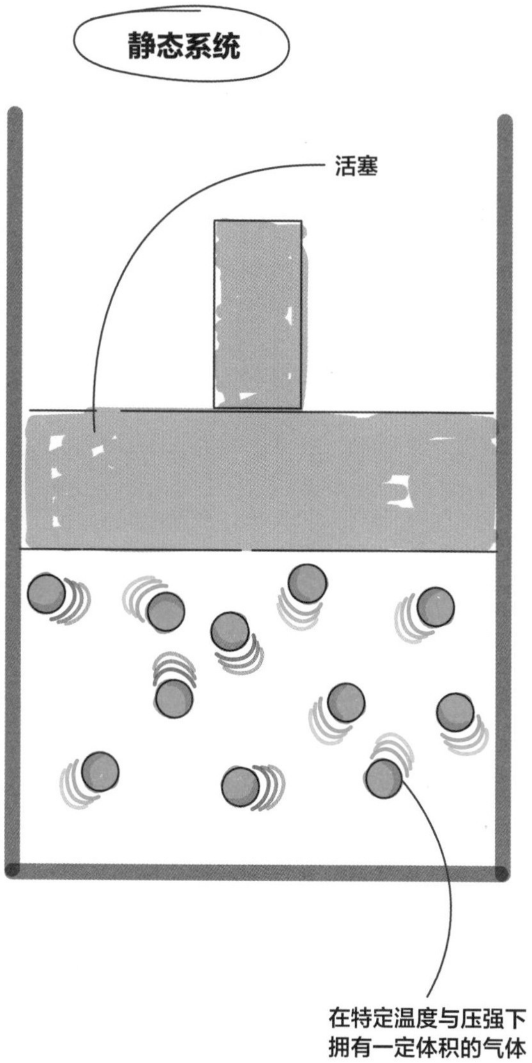

第一定律

热量是能量的一种形式，因此，热力过程必定遵从能量守恒原则。

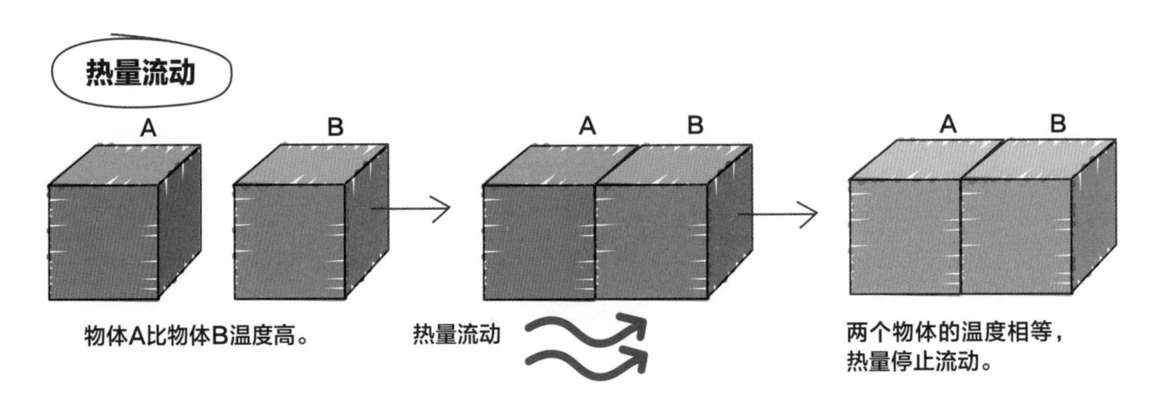

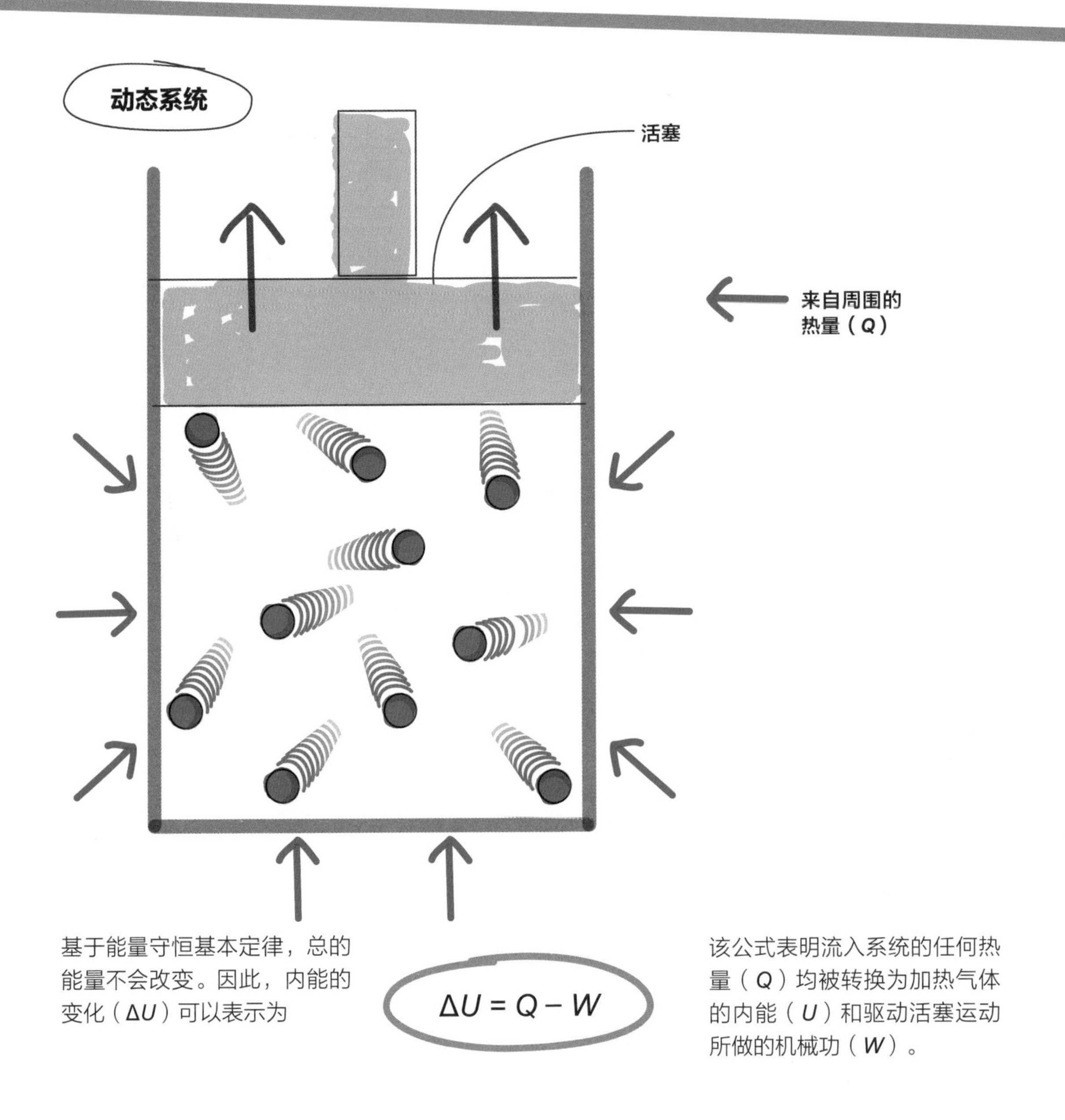

基于能量守恒基本定律，总的能量不会改变。因此，内能的变化（ΔU）可以表示为

$$\Delta U = Q - W$$

该公式表明流入系统的任何热量（Q）均被转换为加热气体的内能（U）和驱动活塞运动所做的机械功（W）。

功与热量在气体中的传递

前述动态系统里的活塞可以双向运动：通过提高外部温度让热量流入室内，圆筒内的气压升高使活塞向外运动；反之，活塞向内运动。如果外部机械功作用于活塞上，则会压缩室内的气体，所做的功也就被施加在气体上。

此外，这个功直接转化为气体粒子的动能，从而使气体温度升高。当圆筒内的气体温度高于外面的温度，从而产生了温度梯度时，热量就从圆筒内流向圆筒外。

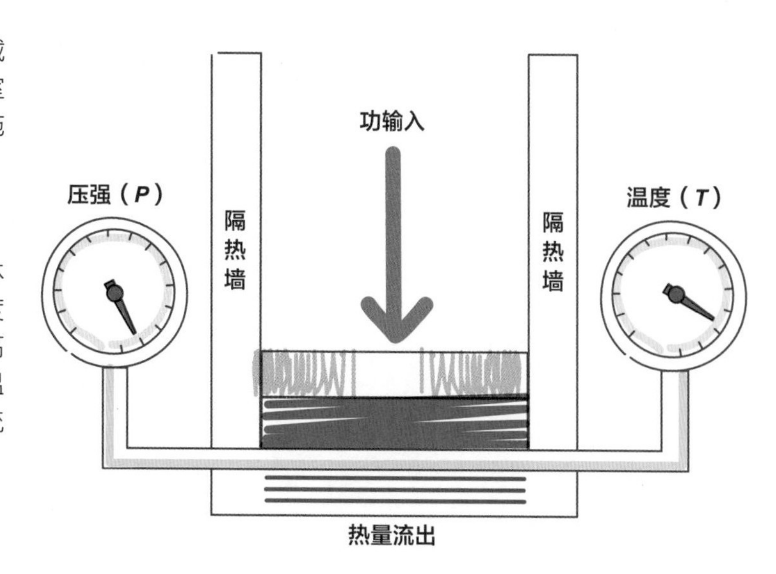

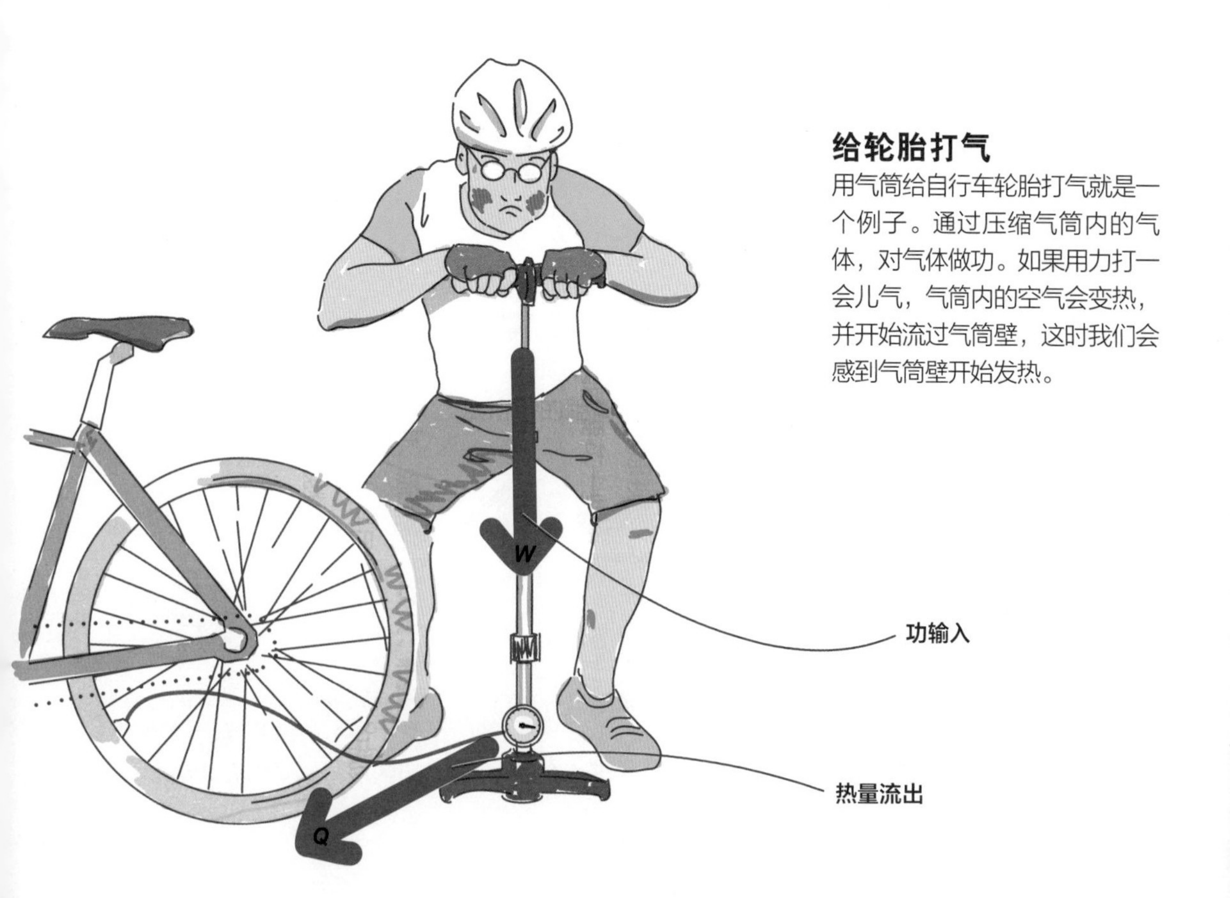

给轮胎打气

用气筒给自行车轮胎打气就是一个例子。通过压缩气筒内的气体，对气体做功。如果用力打一会儿气，气筒内的空气会变热，并开始流过气筒壁，这时我们会感到气筒壁开始发热。

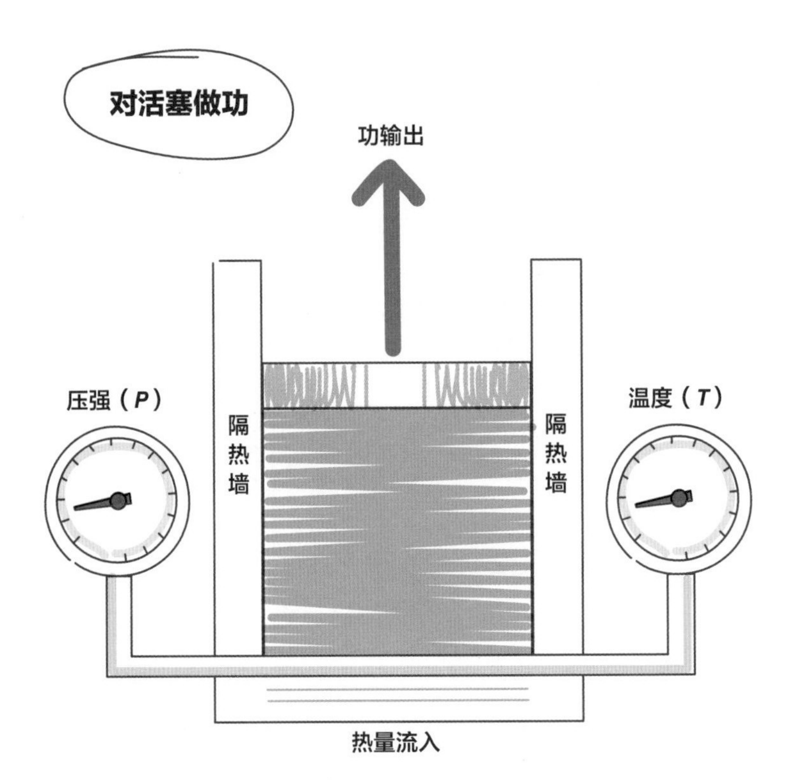

容器内的热量被传递到系统之外，这种热量流动是无效的，热量被浪费掉了。这时，可将第一定律的公式表述为

$$\Delta U = W - Q$$

气体内能的变化量（ΔU）是外界对系统所做的功（W）和流出的热量（Q）之差。

活塞室内的热气体迅速膨胀，体积增大，向外推动活塞并向系统外做功。同时伴随着气体迅速冷却，压强也随之降低。这就是汽车发动机活塞的工作原理。

生物热力学

热力学也适用于生物和种植领域。当食物中的化学能量释放出来时，能量会存储在人体内。我们的肌肉会做功，产生的热量也会流失。吃进食物后，存储的能量和流出的能量之差就是内能的变化（ΔU）。

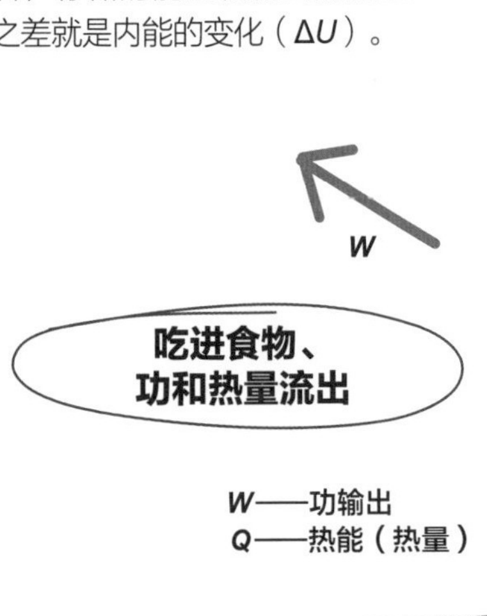

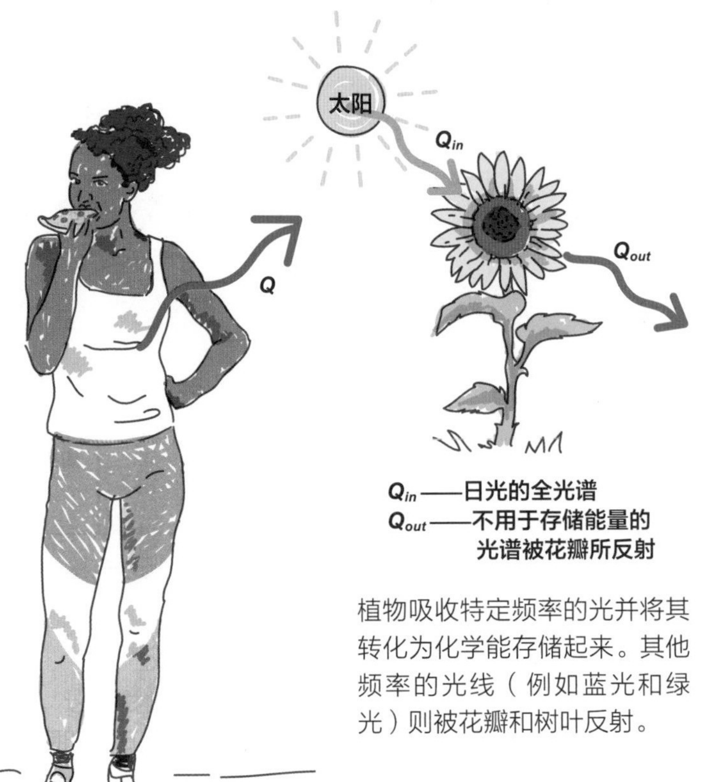

植物吸收特定频率的光并将其转化为化学能存储起来。其他频率的光线（例如蓝光和绿光）则被花瓣和树叶反射。

熵

热力学第二定律阐释了热量流动过程的不可逆性。从实质上说，如果一个孤立系统因系统内的热量流动而发生变化，那么该系统作为一个整体会变得更加无序。

熵是衡量一个系统整体有序程度的物理量。若固体处于高度有序的状态，其熵值比较低。当固体因热量传递而熔化时，粒子运动高度分散，其液态和气态的熵值就比较高。

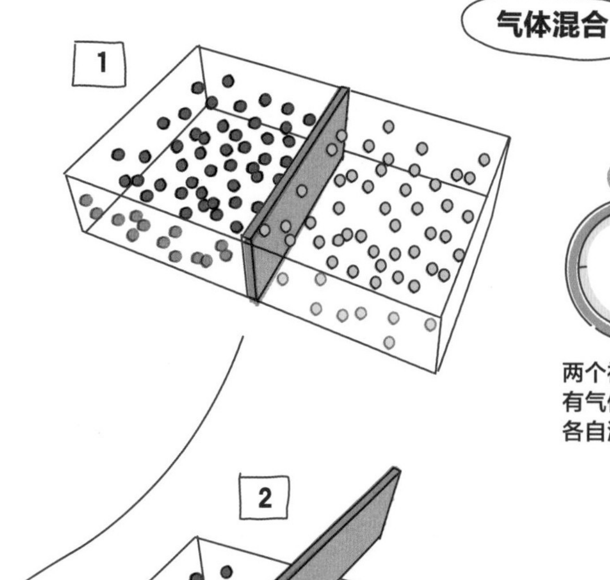

两个被隔开的装有气体的容器，各自温度不同。

移开隔离物，气体开始混合并交换动能。

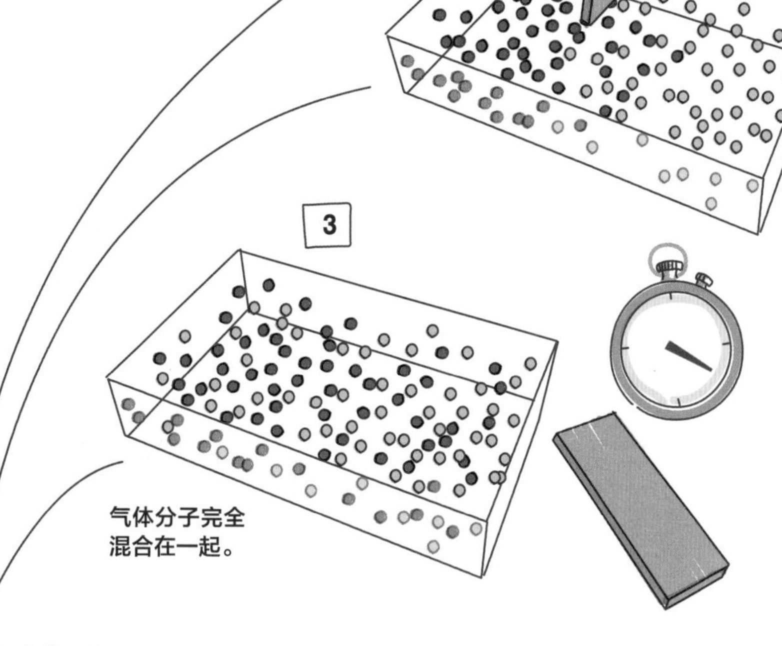

气体分子完全混合在一起。

熵值高

就气体来说，设想有两个被隔开的装有气体的容器，各自的温度不同，此时，两个容器构成的系统很有序，其熵值比较低。当把两种气体混合在一起时，由于系统变得很无序，其熵值会提高。

当所有粒子混合在一起时，气体变得完全无序且所有粒子都以不同速度运动，这代表着**熵值最高的状态**，并且无法再逆转回到其初始状态。

第二定律

热能传递或热能转化的过程是不可逆的（冷物体不能向热物体进行自发的传递热能）。

无序状态

举个例子，设想有一堆摆放整齐的砖块突然从一辆正在行驶的卡车中掉落。这些砖块绝不可能整齐有序地堆在地上，极可能会随机、无序地散落一地。

这些无序状态可能会有无数种组合，每一种状态看起来和其他所有状态都很像。

所有系统都会变成一种更无序的高熵值状态。因为存在更多的无序状态，所以从统计角度看，形成一个无序系统比形成一个有序系统的概率要大得多。

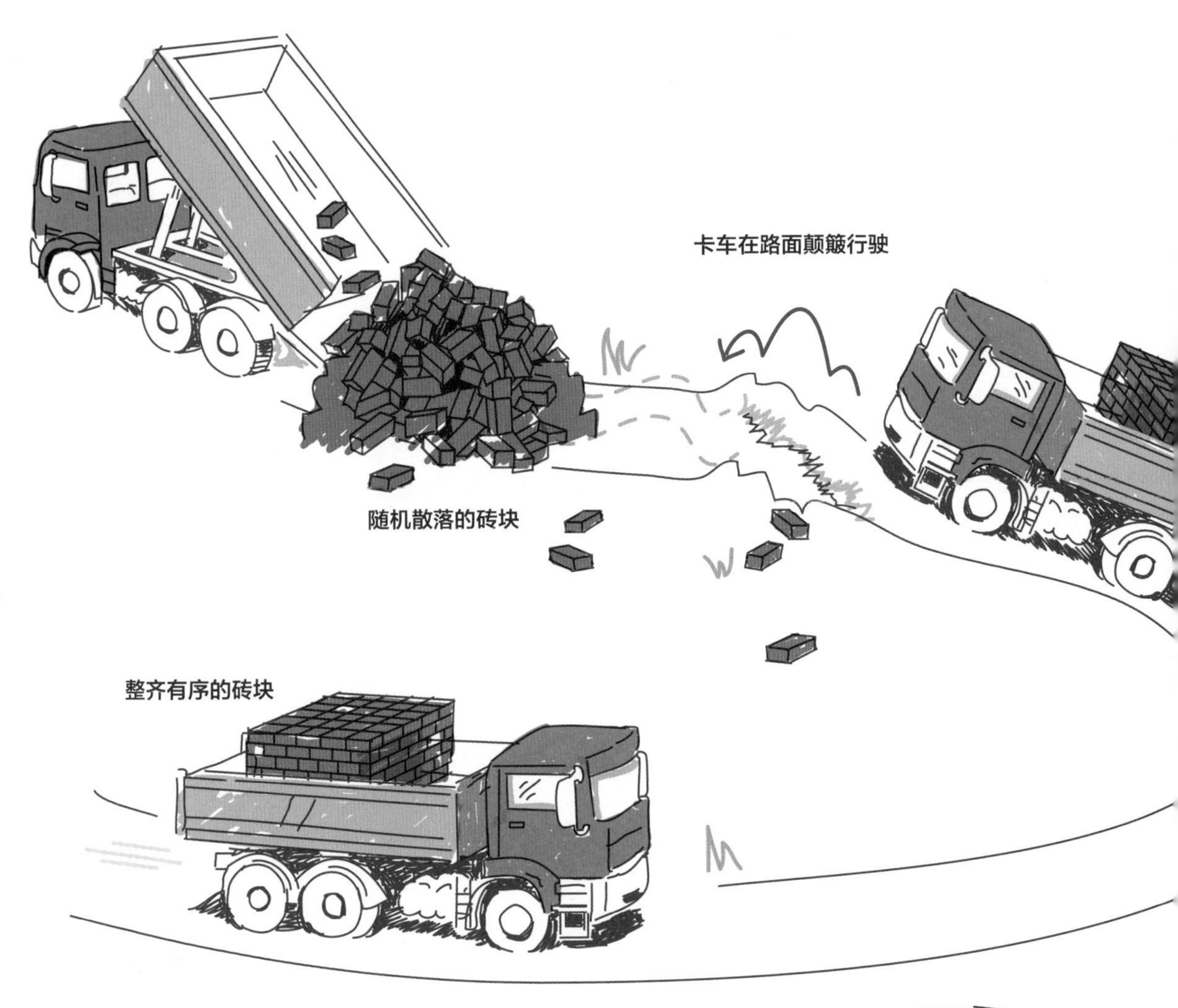

熵值低

金属等固体材料的熵值较低，它们的粒子运动受限，单个粒子的能量也非常相近。将一块马蹄铁加热到1260℃（2300℉）时，它的粒子才足够活跃，从而引起状态的改变。但冷却后，马蹄铁又回到与以前几乎一样的状态，这一特点与混合气体是不同的。原因在于马蹄铁不能被看作一个孤立系统，其熵值可能变小，而混合气体时两部分气体可作为一个孤立系统，混合过程熵值一定增大。

小结

温度

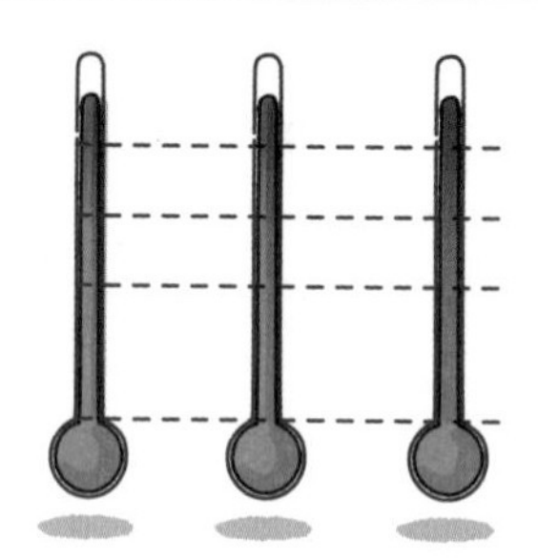

温度是一种测量物体内分子平均动能的物理量。

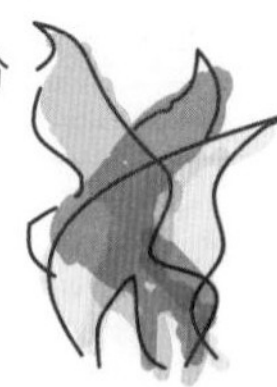

温度是什么？

摄氏温标

摄氏温标以水的冰点（0℃）和沸点（100℃）为基准。

华氏温标

华氏温标以水的冰点（32℉）和沸点（212℉）为基准。

开氏温标

开式温标以绝对零度（约等于 -273℃）为基准。

热力学

热力学定律

第二定律

在一个封闭系统内，能量传递的任何过程都会导致无序的高熵值状态。这个过程是不可逆的。

熵

熵是衡量系统在能量方面有序程度的物理量。当系统处于高度有序的状态时，比如固态，其熵值较低；而处在液态和气态时，其熵值较高。

第一定律

能量不能被创造或被消灭。当热量流入一个系统，它可以变为气体内能，并可通过气体膨胀对活塞做功。

$$\Delta U = Q - W$$

热传递

热量

热能从温度高的物体向温度低的物体传递。

热能

热能是一个物体内以粒子动能形式存储的能量总额，以焦耳（J）作为计量单位。

温度梯度

温度梯度指的是特定地点温度变化的方向、温度变化数值的等级。

物体因能量从温度高的区域传递至温度低的区域而变热或变冷。

物体吸收能量一般会膨胀。大多数固体和液体的膨胀幅度较小，气体膨胀幅度较大。

热膨胀

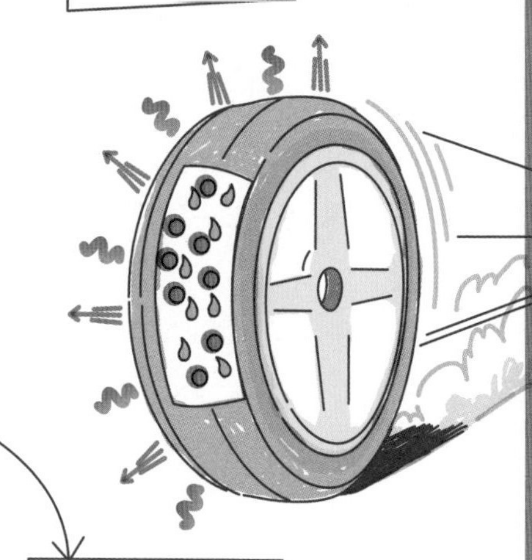

加热和冷却

传导

热量通过直接接触热源进行传递。

对流

热量通过运动进行传递。

辐射

热量通过电磁波进行传递。

热量流动

热量总是从温度高的区域自发地流向温度低的区域，直到两者的温度相同。

气体内的功和热量传递

一个密封容器里的气体通过热传导或做机械功而吸收能量。这一过程是可逆的。

第十一章

流体

谈到流体，人们首先想到的是各种液体，例如水。其实，流体的定义是一种能够自由流动并发生形状变化的物质形态，它不仅包括各种液体，也包括各种气体。流体有许多物理属性，如密度、压力、体积和温度等，而且不同属性之间是相互关联的。流体及流体动力学的知识为我们乘船渡海和乘飞机旅行提供了理论基础。

密度与压强

流体，特别是气体，能够根据它们的温度及其所在容器的体积而发生变化。如果流体的粒子数量保持不变，那么随着流体体积的增加或减少，其**密度**（单位体积内的质量）也会改变。

设想一个柔性容器内密封一定量的气体，例如一个充满气体、出口被扎紧的气球，气球内有一定量的气体，而且气体不能逸出。在室温条件下，气体分子快速运动并具有较高的动能。每个分子与气球壁相撞时产生一个微小的向外作用力。这些作用力结合在一起，塑造了气球的形状。

这种单位面积上受的力称为**气体压强**（P），计量单位为帕斯卡（Pa或N/m^2），它是温度与体积的函数。在体积不变时，气体温度上升，其压强也随之上升。

气体压强（P）、气体体积（V）和气体温度（T）之间的关系为

$$PV = kT$$

其中，*k*是常数。

P

气压

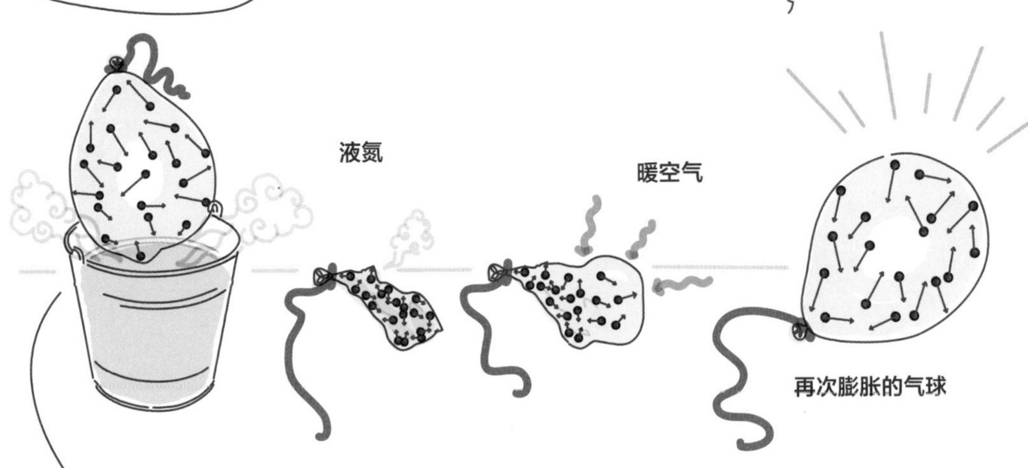

如果把气球浸入液氮（其温度为-320℉、-195.79℃或77K）中，空气分子骤然冷却到这个温度，几乎会失去所有动能。

由于分子运动速度降低，它们彼此间靠得更近，所以在小空间里聚集了更多的分子。我们把一定空间内物质的质量称为密度（ρ），计量单位为千克/米^3（kg/m^3）。由于气体分子施加的压力大幅降低，因此气球会缩小。

将气球从液氮中取出，周围暖空气的热量会不断传递给气球中的冷空气，从而增加了它们的分子动能。于是，气球再次膨胀。

压力差、升力与浮力

如果一个物体的密度低于周围环境的密度，该物体会受到一种向上的作用力而上浮，这种作用力就是**浮力**。阿基米德（Archimedes of Syracuse）是希腊的数学家、物理学家、工程师、发明家及天文学家。他对这种现象进行了细致的研究，确定了漂浮物体周边介质的密度与该物体受到的浮力之间的关系。

浮力

一想到浮力，我们脑海中最先呈现的画面很可能是漂在水面上的小船。事实上，“浮标”（常用于标示海港的浅海区域）一词与“浮力”一词确实具有同一英文词根。

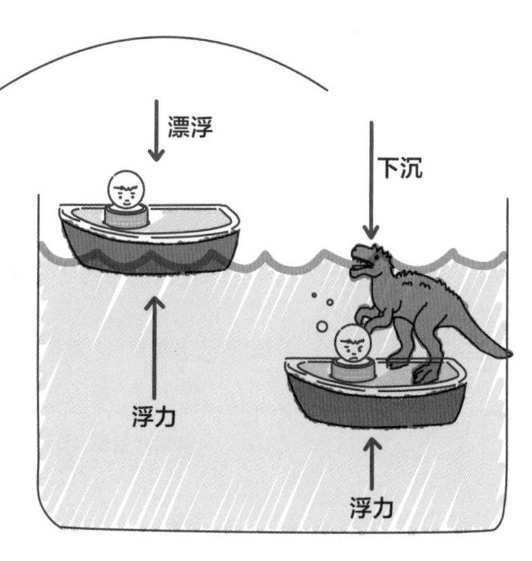

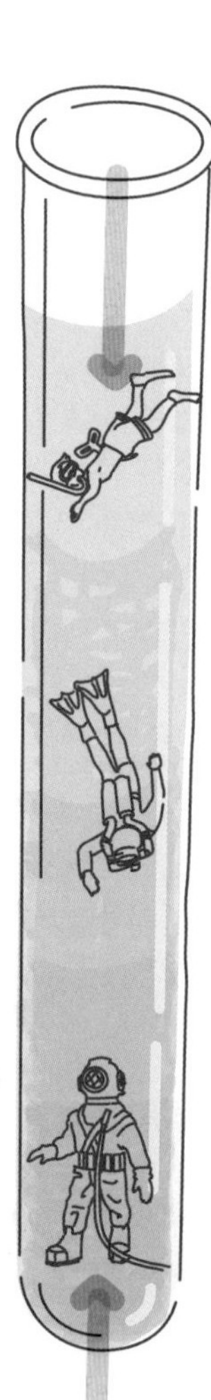

因为氦的密度小于空气的密度，所以氦气球能在空中飘浮。同理，热气球之所以能上升，是因为热气球里的空气密度低于周围冷空气的空气密度。

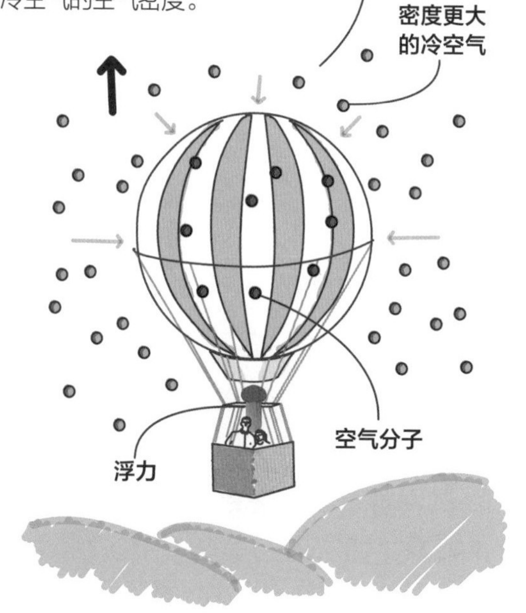

我们想象一下自己潜入海中的情形。随着潜水深度的增加，你上方的水越来越多，因此你承受的水的重量也在不断增加，这就是**水压**。现在，我们设想一个充满水的柱形容器。随着深度增加，水压也在稳步增加。这意味着，如果一件物体被浸入水中，它在底部比顶部承受更大的水压，也就承受着更大的作用力。这种底部受到水向上的压力与顶部受到水向下的压力而产生的压力差，就是向上的浮力，根据这个思路可推导出阿基米德原理。

阿基米德原理

只有在一种情况下物体才能漂浮于流体中，就是在物体所受的重力与向上的力平衡的时候。

放在水中的一个物体，要么下沉，要么漂起来，这取决于物体密度相对于水的密度。

阿基米德注意到，如果某物体的重量小于相同体积水的重量（意味着物体的密度比水的密度小），该物体就会漂浮。木头以及充满空气的容器等物体能漂浮在水中，而石头和实心的金属等物体则会沉下去。

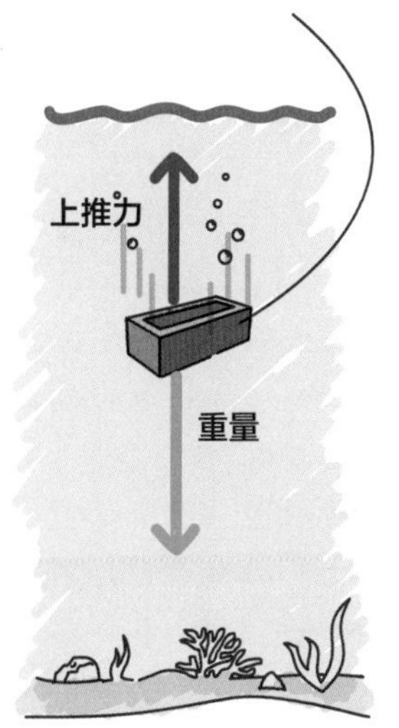

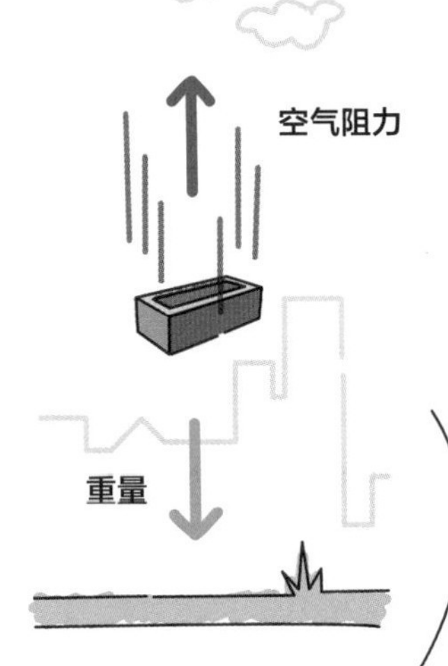

包括砖块在内，所有物体在水中都会承受一个向上的推力，但只有当这个力与物体重力相等时，物体才会漂浮。

砖块在水中的下沉速度远远低于它在空气中的下沉速度。

阿基米德原理

向上的浮力=排开液体的重力

我发现了！
阿基米德发现，物体受到的向上的浮力与该物体所排开的液体重力完全一致。

因此，如果物体的密度小于水的密度，其重力也会小于它所能排开的水的重力。这时，水的浮力大于该物体的重力，于是该物体就会上浮并浮至水面，就像海洋里的小船一样。反之，比水密度更大的物体则会像砖块一样沉下去。

一个重0.75千克的物体，排开重0.25千克的水，产生的浮力为0.25千克的水的重力，不足以阻止这个物体下沉。

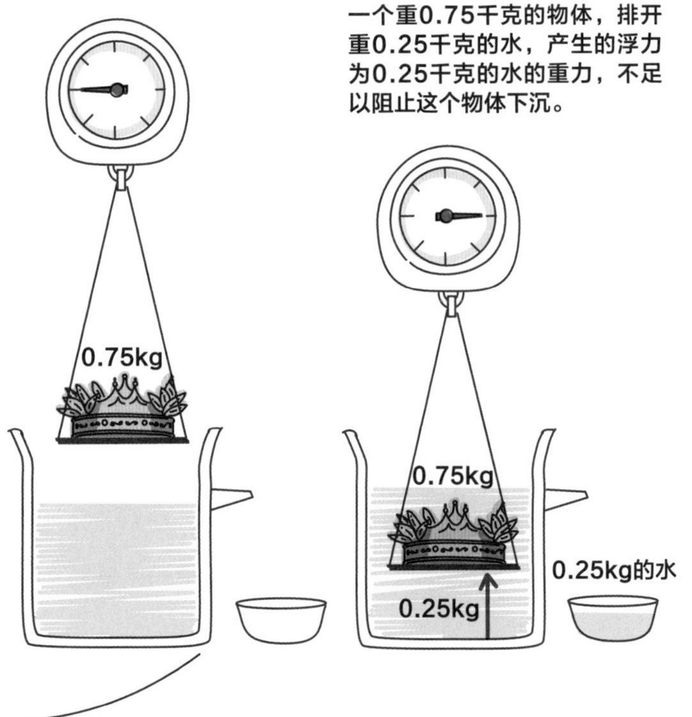

流体流动与伯努利定理

由于流体具有形态可变的物理特性，因此它能够绕过物体流动。当坚硬的物体通过流体时，环绕该物体的流体会发生形变。这样的例子随处可见，例如赛车在空气中的运动和螺旋桨在水中的运动等。**流体动力学**是物理学的一个分支，它研究流体的运动以及由此引起的各种相关作用力。

流体流动

气体、液体等流体在受到各种力的作用时会产生流动。在一个水体中，当水温降至接近4℃（39℉）时，冷水的密度将增加（水温在4℃之下时，水的密度会降低）。随着流体分子携带的动能减少，分子间的距离也会缩短，这使得流体的密度随之增加。依据阿基米德原理，这时，流体将会下沉。

暖空气

冷空气

较冷流体会下沉至较暖流体的下面，产生温度层。温度高的流体位于温度低的流体之上。气体的运动规律也是如此：暖空气上行到冷空气之上。例如，暖气片会直接加热周边的空气，在房间内形成上升的热流。

流体流动规律是天气变幻莫测的主要原因。空气受热上升，冷空气急速填补热空气上升留下的空缺，形成**低压系统**。

因此，当空气从我们身边经过时，我们就感觉到了风。暖空气上升后，在大气中逐渐冷却，暖空气中的水分凝结，产生降雨。

伯努利定理

以瑞士物理学家丹尼尔·伯努利（Daniel Bernoulli）名字命名的**伯努利定理**解释了气流系统的运行规律。机翼上层气体的快速流动会引起压力下降。机翼形状的设计就是要使机翼上方的气流速度快于机翼下方的气流速度。

机翼上侧和机翼下侧气流的**速度差**会产生**压强差**。正是这种机翼与气流相对速度的差异使得飞机获得升力飞上蓝天。逆风飞行的飞机（气流迎面而来）能获得更大的升力。

压强（P）的定义为每平方米面积（A）所承受的作用力（F），用公式表示为

$$P=\frac{F}{A}$$

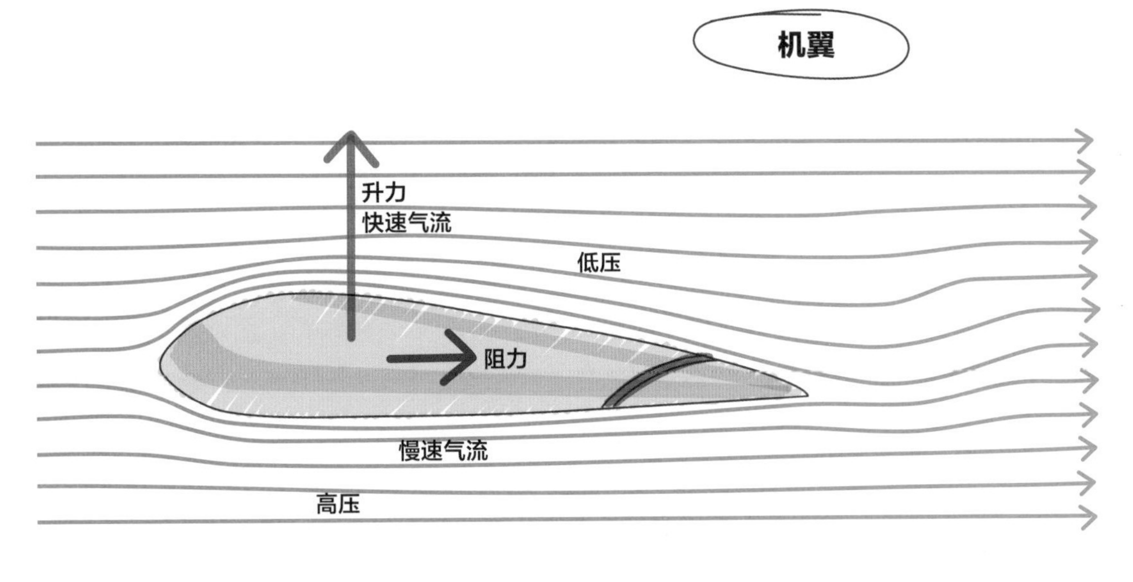

阻力

阻力，即空气阻力，是运动的物体通过流体时产生的摩擦力，它与物体的大小（物体越大，阻力越大）以及速度的平方成正比。

为了在空气中尽可能高效行驶，赛车的车身设计应尽可能低，以便尽可能降低空气阻力，让气流更加顺畅地通过车身。

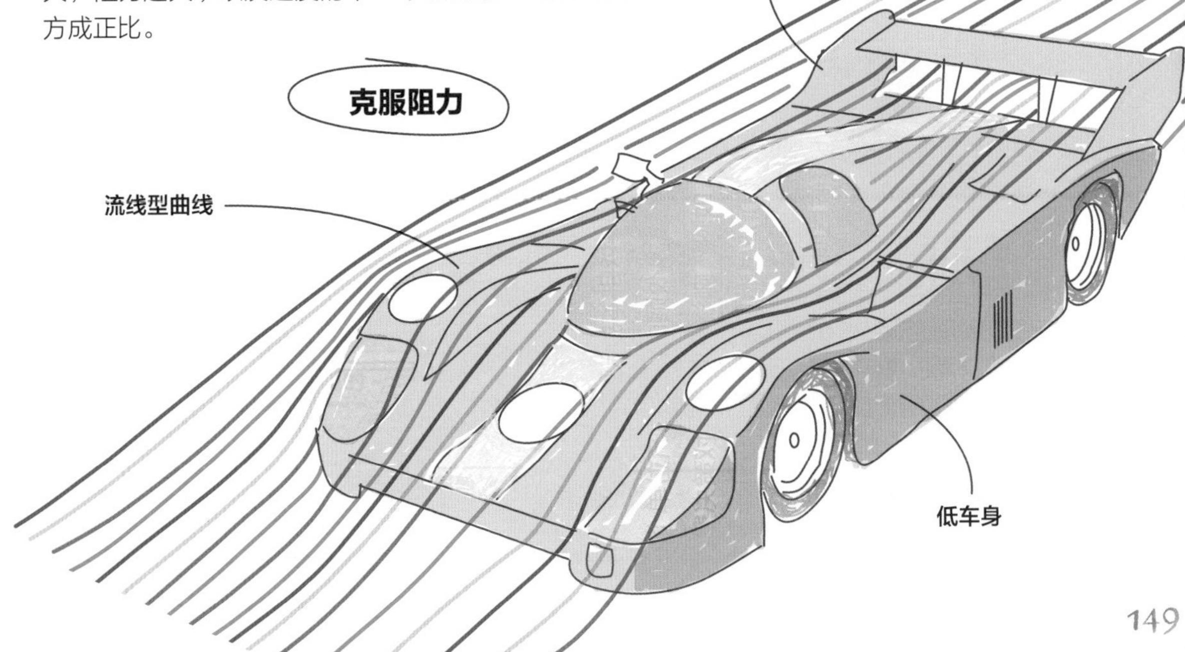

小结

密度与压强

密度

密度是衡量气体或液体中分子彼此靠近程度的指标。分子之间靠得越近，一定体积内的流体质量就越大。密度的计量单位为kg/m^3。

气压

运动着的气体分子在撞击容器壁时会产生压强，这时我们用Pa或N/m^{2}作为气体压强的计量单位。温度上升，气体分子的热运动就会加快；容器体积不变时，如果气体分子数量增加，就能提高其撞击的次数。这两种情况都会使气压升高。

流体

流体动力学

伯努利定理

围绕一个固定物体流动的流体，其流速差异会导致不同表面之间产生压力差。

升力

流动速度的变化会引起受力失衡，因而物体会从压力高的一侧向压力低的一侧运动。这就是机翼产生升力的原理。

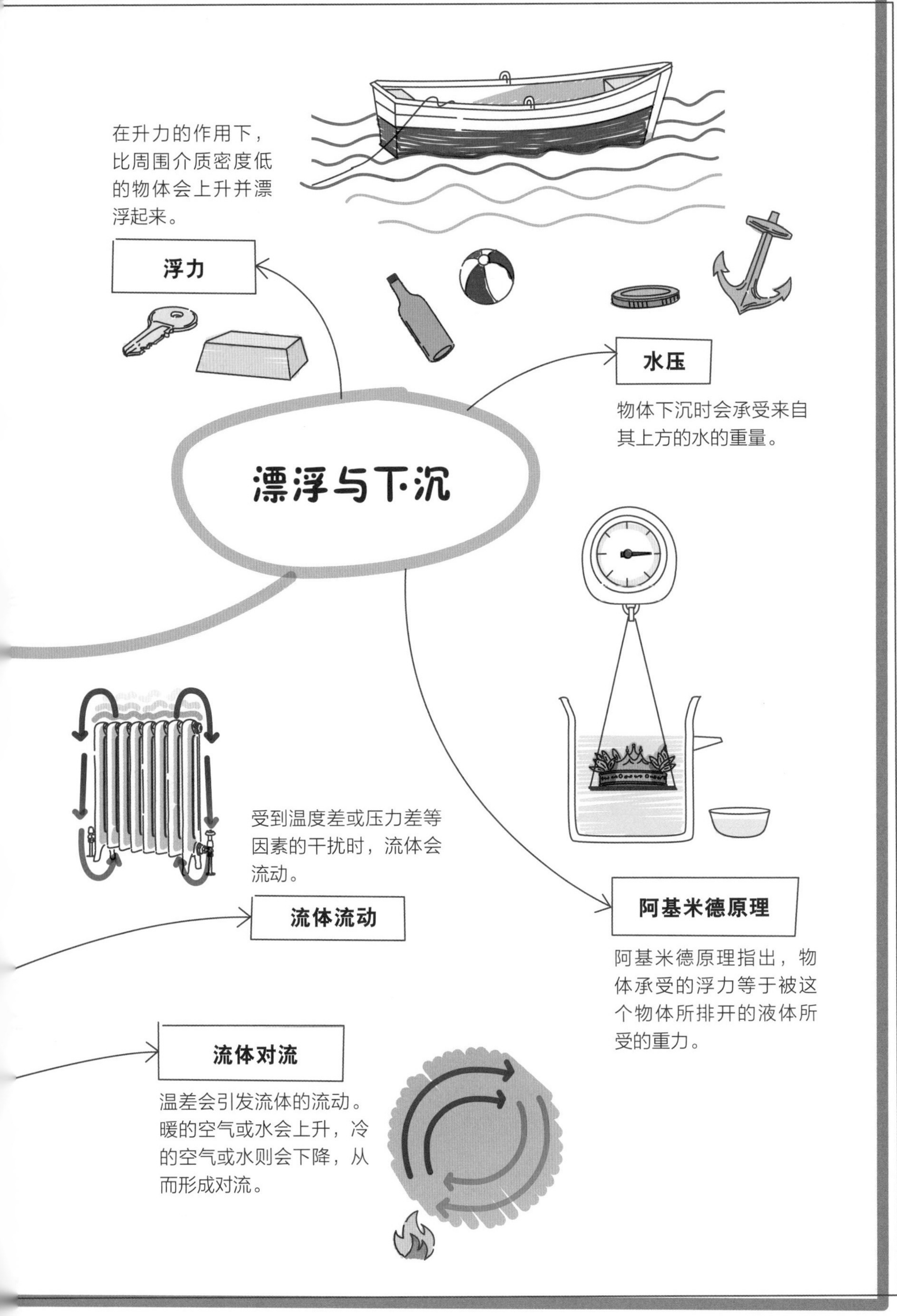
漂浮与下沉
浮力
在升力的作用下，比周围介质密度低的物体会上升并漂浮起来。
水压
物体下沉时会承受来自其上方的水的重量。
阿基米德原理
阿基米德原理指出，物体承受的浮力等于被这个物体所排开的液体所受的重力。
流体流动
受到温度差或压力差等因素的干扰时，流体会流动。
流体对流
温差会引发流体的流动。暖的空气或水会上升，冷的空气或水则会下降，从而形成对流。

第十二章

现代物理学

物理学是研究宇宙各种现象的基本规律的学科。从宏观上看，力可以使物体加速运动，可以使流体从一端流到另一端。然而，仍有许多物理学领域的问题困扰着我们，比如，在量子（原子和亚原子）层面上的粒子行为、物体接近光速的运动学特性等。牛顿的几大运动定律是建立在物体日常运动的基础上的，然而，当物体变得非常小或运动得非常快时，这些定律就难以适用了，需要我们做更深层次的研究。

狭义相对论

在所有**惯性**（非加速）参照系内，物理学定律保持不变，光速不受宇宙观测者的影响。这是**狭义相对论**的假设前提。

迈克耳孙和莫雷曾利用迈克耳孙**干涉仪**，试图弄清太空究竟是虚无的真空，还是充满了能够传播**电磁波**的**以太**介质。

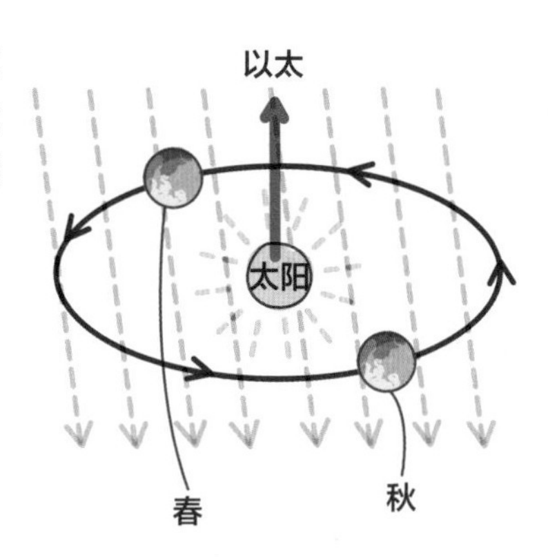

这个实验意图测量地球相对于这种假想介质的运动情况，以及光相对于地球运动的速度，这有些类似于测量风相对于行驶中汽车的速度。结果表明，光的速度没有任何变化，也就意味着太空中并不存在以太这种介质。

这个等于零的结果并不代表失败。相反，它向人们提出了更多问题：如果以太并不存在，而且所观测的光速并不因地球的运动而改变，那么光在本质上的不同之处是什么呢？

时间延缓

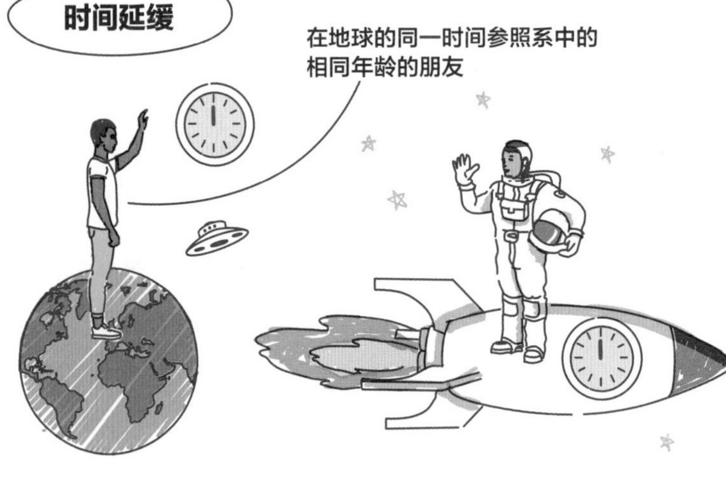

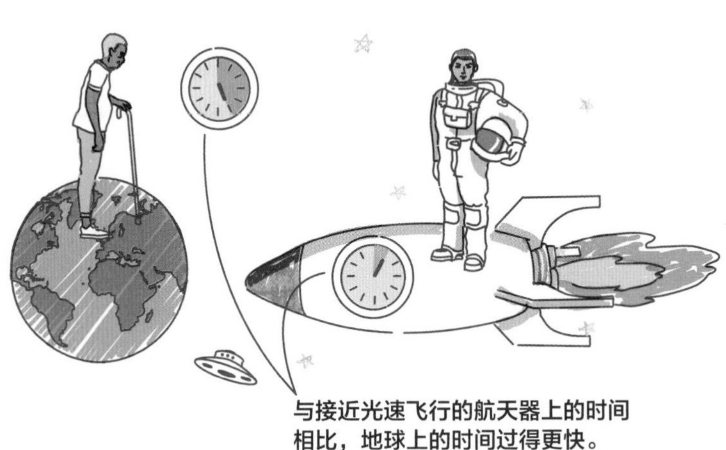

根据这项研究结果，阿尔伯特·爱因斯坦（Albert Einstein）推断，无论观测者相对于光束的运动怎么变化，**光速**是宇宙中最快的速度，任何观测到的**相对速度**都不可能超过光速（$\approx 3 \times 10^8$ m/s）。实际上，观测者的速度越接近于光速，在他参照系里的时间就过得越慢。这是基于事实的基本假定，即在观测者看来，在他的参照系之外，粒子的相对速度看上去会慢下来。

身处两个移动观测点上的观察者，彼此都能测得同样的相对速度。不管朝向彼此的相对速度如何变化，它们的复合速度也绝不会超过光速。

广义相对论

质量和能量影响着空间和时间（时空）的几何形态，它引发局部弯曲并对光线和时间的推移产生影响。这就是**广义相对论**。

几个世纪以来，在确定引力对物体的影响时，人们都会运用牛顿的万有引力定律。各种观测结果都证实了牛顿的这一理论，即在引力场内，有质量的物体会产生一定的加速度，而加速度的大小取决于引力场的强度。这一理论的重要前提是质量的存在。

根据牛顿万有引力定律，让有质量的物体产生加速度的引力场强度（g）的大小为

$$g=\frac{GM}{r^2}$$

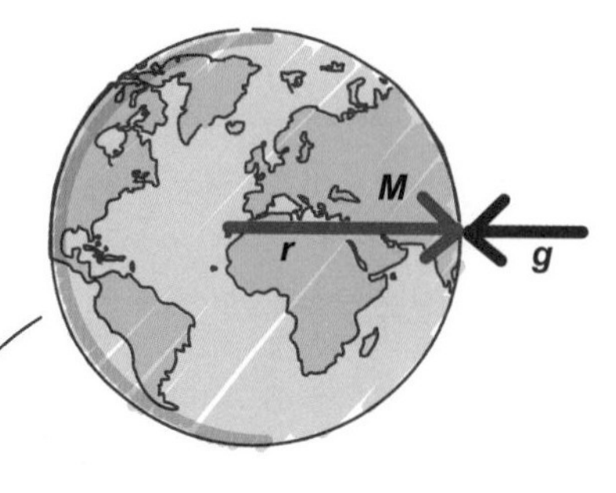

公式中M是产生引力场的物体质量，r是下落物体的中心与产生引力场的物体中心的距离，G是万有引力常数。

等效原理

1907年，爱因斯坦提出了一个新的概念，他称之为**等效原理**。就是说，受到引力场的作用而形成的加速系与受外力作用而形成的加速系之间没有差别。这个论断为广义相对论奠定了基础。

让我们想象一下，一个人站在自由下落的电梯里。这时，人和电梯都处于失重状态，同样以9.8m/s^{2}的加速度下落，这是由于加速度与质量无关。这时，他无法知道自己究竟是处在一个引力场的加速系中，还是在太空中一个静止的位置上。

实际上，如果他在电梯垂直下降过程中扔出一个球，这个球将以相同的加速度下降，因此相对于电梯里的人而言，这个球也是静止的。

时空的弯曲

按照爱因斯坦的思维方式，他的许多理论都是先在自己头脑里进行**思想实验**，然后再用数学方法加以证明。

让我们再来看一下电梯的场景。这次，电梯不再是完全封闭的，而是其两侧相对的位置上分别钻有一个完全相同的圆孔。当一束光线从一个孔射入，并沿着直线射向另一个孔时，这束光线却没有射入第二个孔，这是因为电梯在缓慢地向上移动。但从光的角度看，它确实是沿着直线穿行的。

如果结合等效原理，这个简单的思想实验具有深远的意义。当一个加速系与重力场完全吻合时，没有质量的光束的传播却会受到重力影响。这种情形与牛顿的万有引力定律相互矛盾。这个预见史无前例，备受争议。

任何有质量的物体都会让周围的空间变形，而且质量越大，带来的影响也就越大。太阳导致时空发生很大的变形，从而影响周围物体的运动，例如，地球就会被太阳影响。

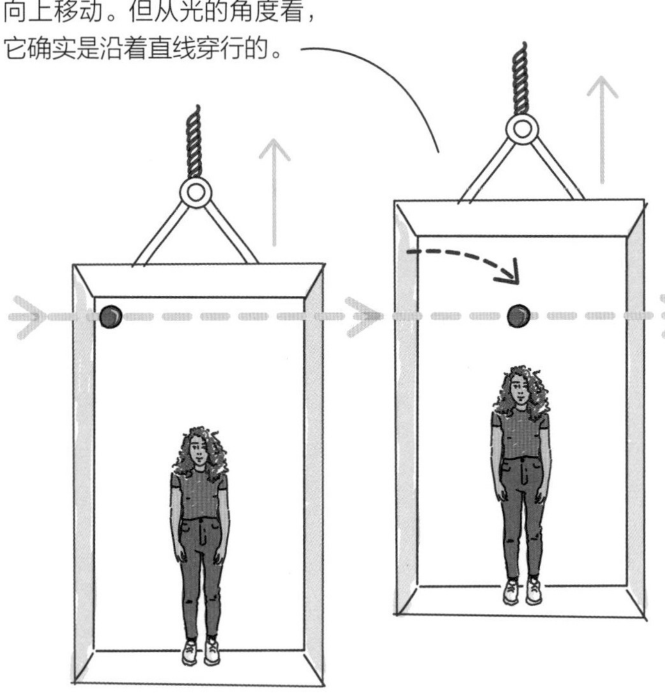

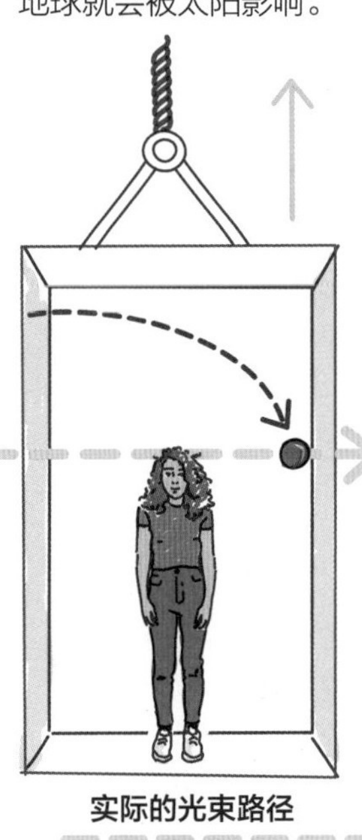

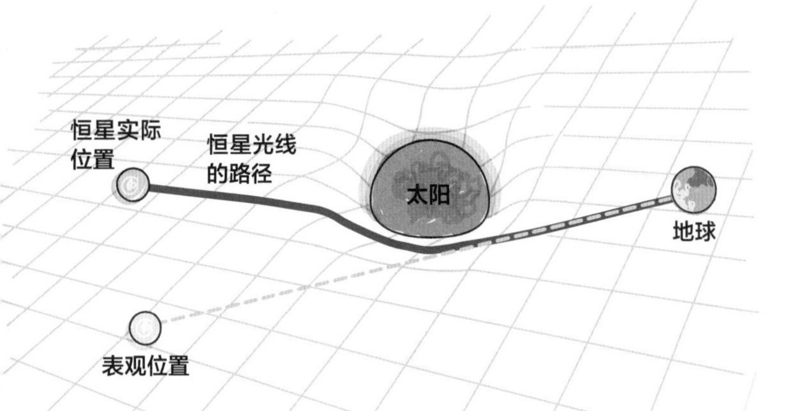

爱因斯坦的理论预示：来自恒星及银河系的光会因**引力透镜效应**而改变方向，**黑洞**及**引力波**存在，引力场会导致时间变慢等现象。的确，上述理论已被观测结果证实，并继续准确地描述因引力场作用而改变的天文现象。

核物理学

近百年来，作为物理学中相对现代的领域，核物理学取得了跨越式的巨大发展。原子核很小，以致无法用肉眼观测到。20世纪初期，正是那些天才的物理学家让人类深入地了解了原子及原子核的世界。

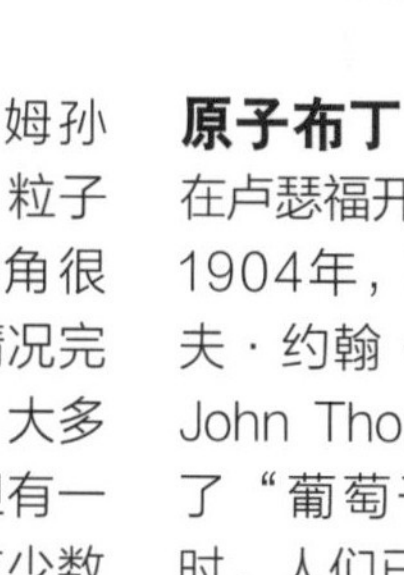

恩斯特·卢瑟福的散射实验

出生于新西兰的英国物理学家恩斯特·卢瑟福（Ernest Rutherford）改变了我们对原子结构的认识。1909年，他在著名的**散射实验**中，用α粒子（氦原子核）轰击金箔片并观察它们的路径。

根据此前的模型，即汤姆孙的“葡萄干布丁模型”，粒子应该直接穿过金箔，偏角很小。而卢瑟福观察到的情况完全不同，结果出人意料：大多数粒子径直通过金箔，但有一部分带有较大偏角，还有少数被完全弹回。

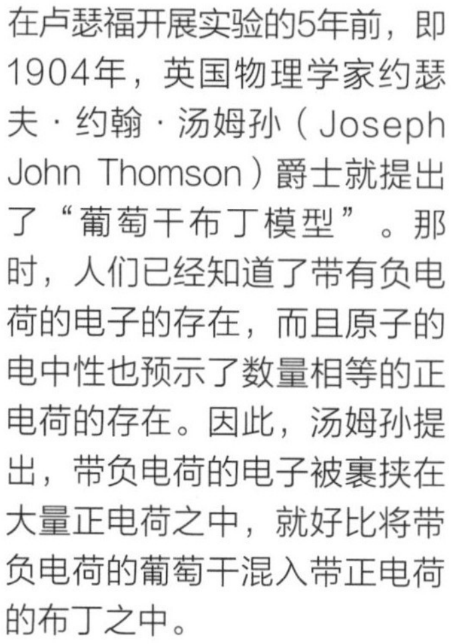

原子布丁

在卢瑟福开展实验的5年前，即1904年，英国物理学家约瑟夫·约翰·汤姆孙（Joseph John Thomson）爵士就提出了“葡萄干布丁模型”。那时，人们已经知道了带有负电荷的电子的存在，而且原子的电中性也预示了数量相等的正电荷的存在。因此，汤姆孙提出，带负电荷的电子被裹挟在大量正电荷之中，就好比将带负电荷的葡萄干混入带正电荷的布丁之中。

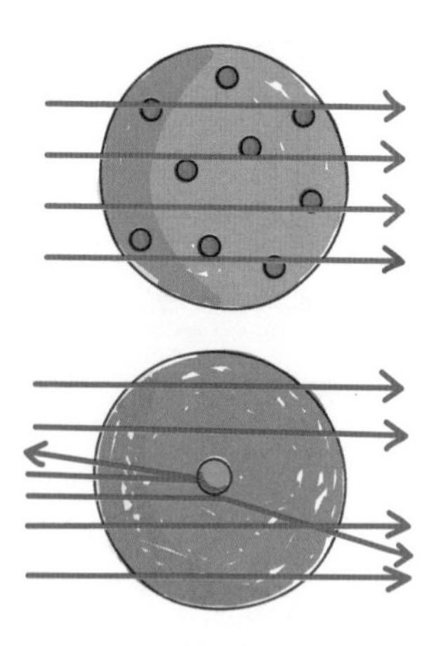

卢瑟福对自己的观察结果做了形象的比喻：如同发射的子弹穿过一张纸，却被弹了回来。由此，他得出结论：原子的大部分是空的，只在中心非常小的部分集中带有正电荷。

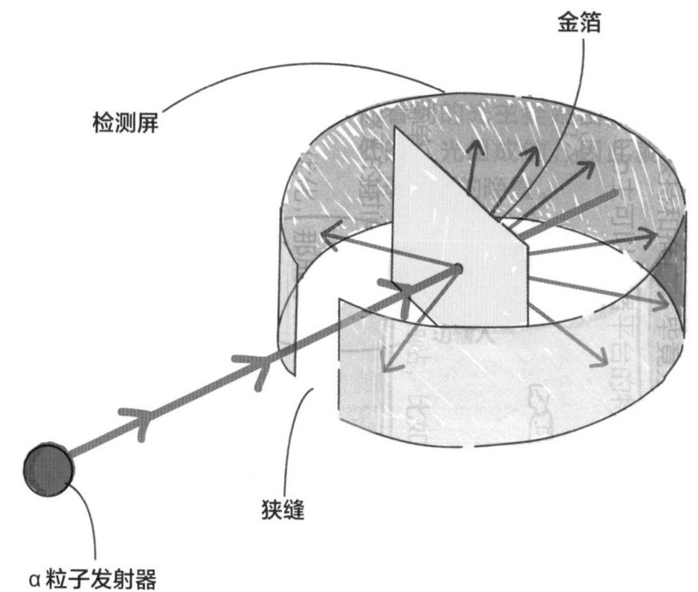

原子和原子核

卢瑟福的发现修正了人们公认的原子模型。原子是由一个非常小、非常密实、带正电的原子核以及围绕它做轨道运动的许多电子所构成的。1911年，卢瑟福据此提出了原子的**卢瑟福模型**。

1913年，丹麦物理学家尼尔斯·玻尔（Niels Bohr）修正了卢瑟福模型，他将原子的内部分成不同的电子层，每一层电子带有特定的（**量子化的**）能量。根据修正后的模型，当电子从一层跃迁至另一层并使能量降低时，会以特定的频率产生辐射。

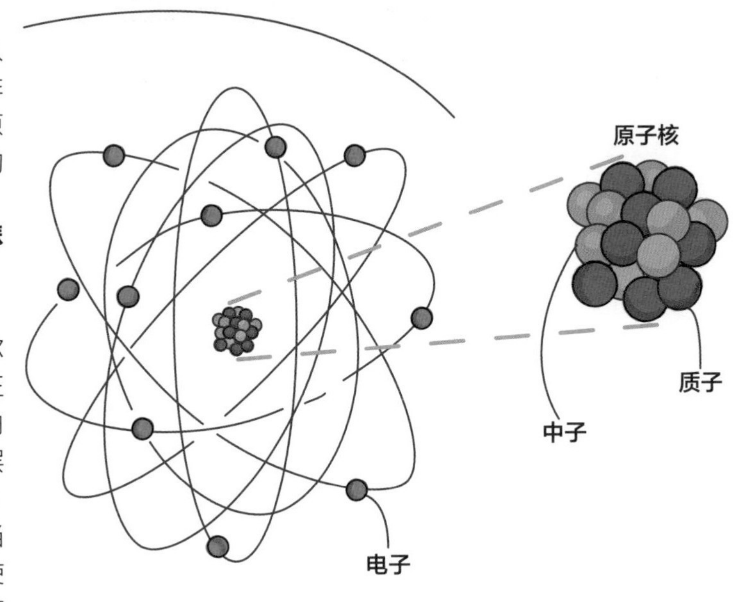

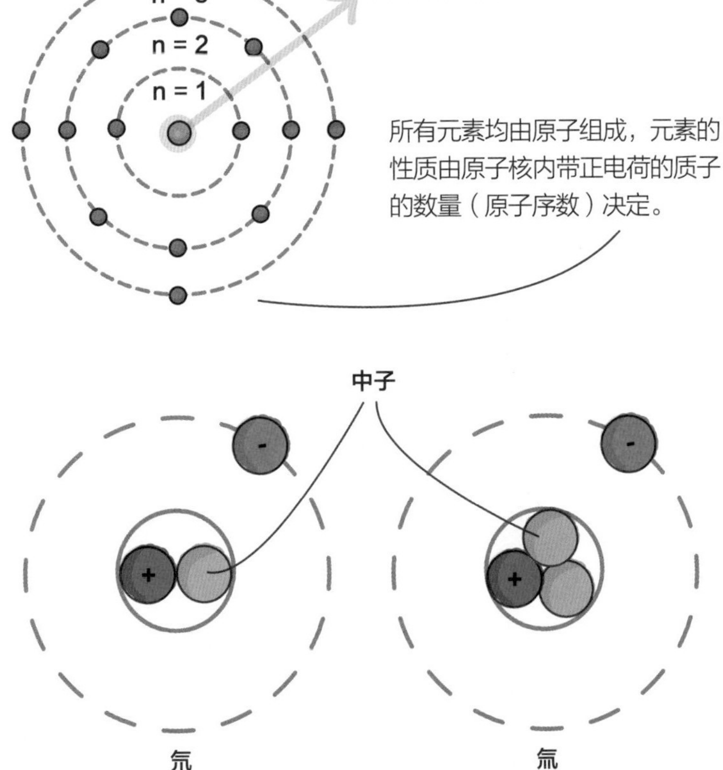

所有元素均由原子组成，元素的性质由原子核内带正电荷的质子的数量（原子序数）决定。

氢同位素

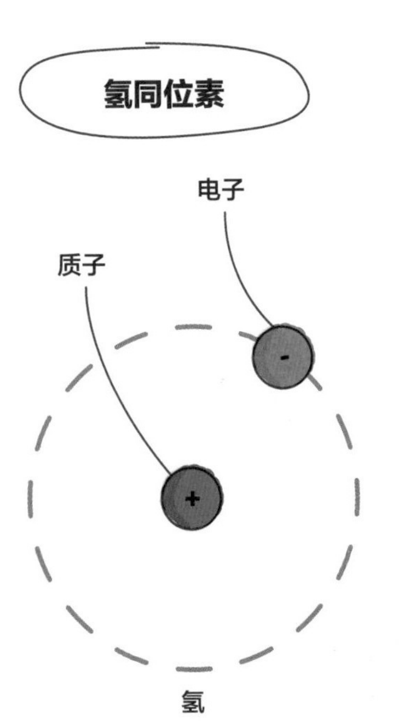

为了让电荷保持中性，质子与电子数目总是相等的。然而，对一定数量的质子而言，中子数量可以发生变化，形成相同元素的**同位素**。

例如氢，它只有一个质子，却有三种同位素：原子氢、氘和氚。这些同位素构成了恒星内部**核聚变**过程的基本环节，在这一过程中，氢转化为氦，并释放出能量。

核反应

核反应是指两个原子核或一个原子核与一个其他粒子（例如中子）之间的相互作用，从而生成其他核素的过程。通常情况下，核反应中质子和中子（统称核子）总量保持守恒，其他的量，如电荷和能量，也保持不变。

核衰变

重同位素因其原子核内各质子之间存在的强烈静电排斥作用而处于不稳定状态，因此引发核衰变。衰变时，重同位素原子核分裂为2个（或更多）**子元素**和一系列辐射：**α粒子**（氦原子核）、**β粒子**（电子）或**γ射线**（电磁波）。在衰变过程中，能量释放的形式为发射粒子的动能和与γ射线相关的能量。

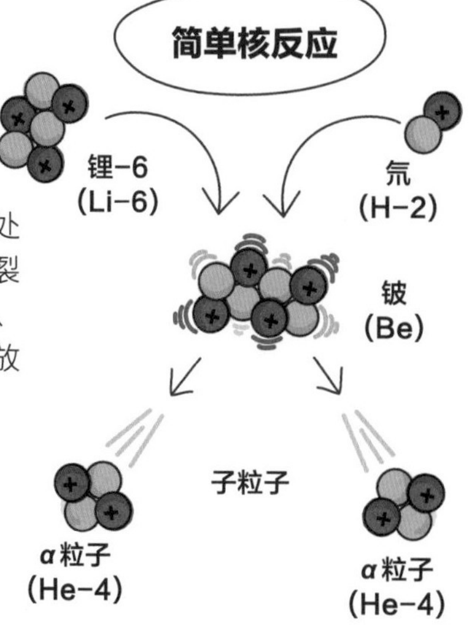

U 238
Th 234
Pa 234m
镤
U 234 铀
Th 230 钍
Ra 226 镭
Rn 222 氡
At 218 砹
钋 Po 218
Po 214
Bi 214
Po 210
Bi 210 铋
铅 Pb 214
Pb 210
Pb 206
铊 Tl 210
Tl 206
汞 Hg 206

一个不稳定原子核在释放α粒子时，会失去2个质子和2个中子。这个原子的原子序数会相应降低，它的化学性质也随之发生变化，变成另一种元素。在这个过程中，如果释放的是β粒子（电子），就会有一个中子变成质子，使这个原子的原子序数增加，由此它也会变成另一种不同的元素。

如果不稳定的原子核辐射出γ射线，由于能量的释放，它会变得稳定起来。

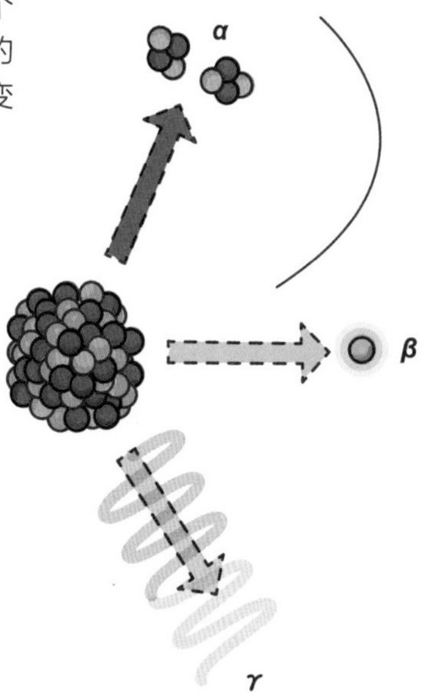

普通核反应

核反应有两类：**裂变**和**聚变**。当一种不稳定元素分裂成2个或更多碎块时，会发生裂变。**核电站**就是利用了核裂变原理。带有足够动能的2种或多种元素相撞，在克服了质子间的库仑斥力后结合到一起，形成新的元素，这一过程就是聚变。恒星上的能量就是通过这种聚变反应产生的。

核电站的主要原料是铀-235。用一个中子轰击铀-235，生成不稳定的富中子铀-236。这种不稳定的铀同位素会发生裂变，产生2个放射性碎片。与此同时，释放γ射线及3个带有很高动能的**裂变中子**。

这样，3个裂变中子又分别与其他3个铀-235原子核结合，从而形成**链式反应**。

9 个铀-235原子核发生裂变

3个铀-235原子核发生裂变

中子

铀-235

释放出3个中子

释放出9个中子

铀-235

钡-141

氪-92

中子

恒星的核聚变反应

恒星的能量来自核聚变。在恒星的中心，氢通过聚合反应产生氘，并进一步产生氦的轻同位素氦-3（He-3）。这个过程会产生大量热能。

元素间发生核聚变时，需要极高的温度、密度和压力。只有在恒星中心才能具备这些条件。目前，科学家还不能在地球上实现可控核聚变。

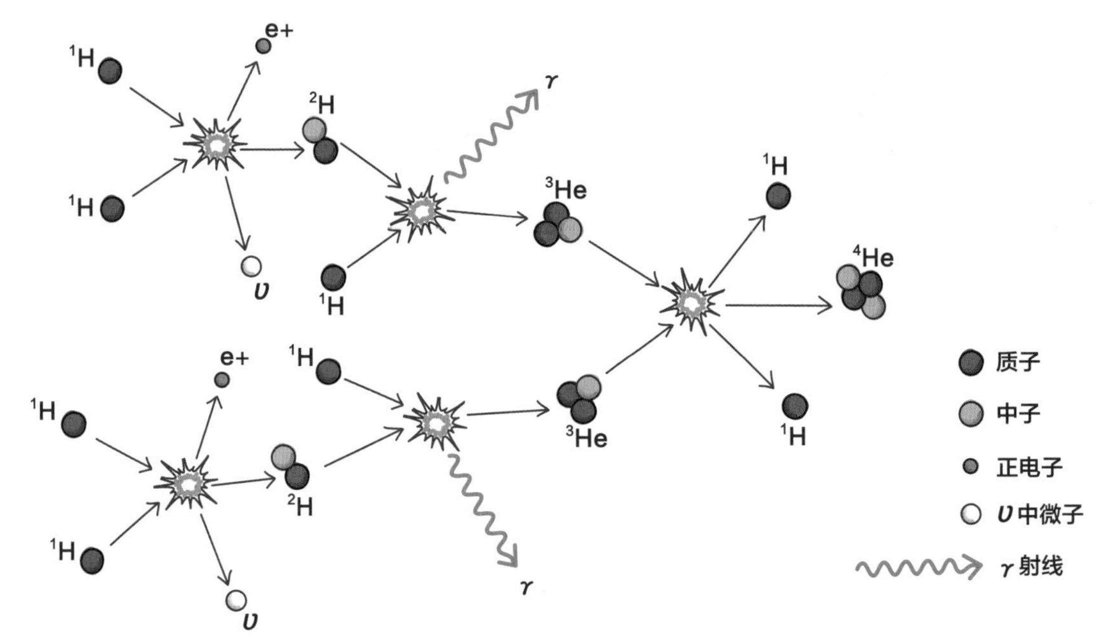

量子物理学

量子物理学是研究不能被经典物理学解释的许多陌生和非直觉现象的尖端学科。

牛顿最先提出，光是由光微粒组成的。光微粒能解释光的反射特性。1678年，克里斯蒂安·惠更斯（Christiaan Huygens）提出了光具有波的特性。

令人称奇的是，两人说的在一定程度上都是对的，因为光既具有波的特征，又具有粒子的运动特征。于是，人们把这种现象称为**波粒二象性**。

现在人们普遍认为，光是由称为**光子**的微小能量包（**量子**）组成的，而且光还是一种非连续性的能量波。这一概念开启了量子物理学的进程。

波动性

光既有波动性又有粒子性。

粒子性

为使观测结果与理论成果相契合，德国物理学家马克斯·普朗克（Max Planck）进行了推测。他认为，在加热一个物体时，物体辐射的能量是以固定增量的形式（一份份能量）增加的，他把这一固定增量（每一份能量）称为量子。

由于这个想法过于激进，他曾用“孤注一掷”来形容这个论断。1905年，年轻的爱因斯坦提出的光量子概念支持了这一论断。基于这一理念，人们得以在一定程度上解读了某些现象，包括处于特定波长的**光谱线**，比如人们观察到的**氢吸收光谱**的情形。

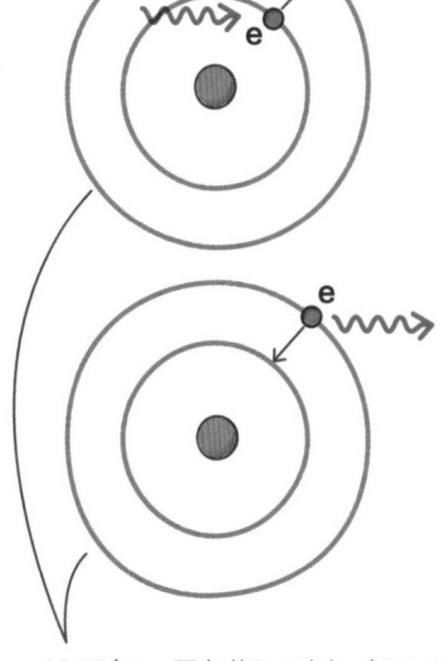

1913年，尼尔斯·玻尔（Niels Bohr）解决了这个问题。他认为，原子内的电子仅能存在于特定的能级层里，它们在吸收或释放适当能量后，才能在层间跃迁。在这一过程中要么产生暗吸收谱线，要么释放光子。

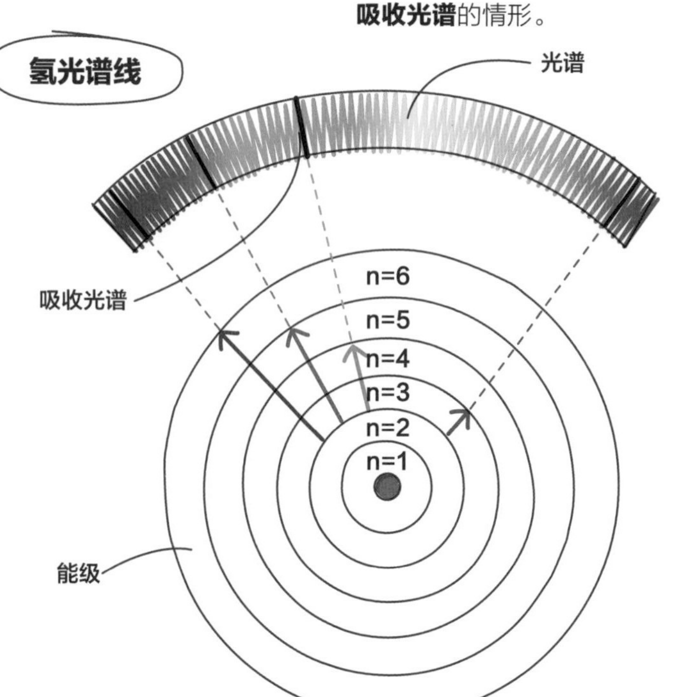

虽然氢仅有一个电子，却有许多能级层。电子从高能级层向低能级层跃迁时，会释放出光子，在光谱上表现为发射谱线。

智慧的碰撞

1923年，法国物理学家路易斯·德布罗意（Louis de Broglie）提出，如果波能表现出光子那样的粒子特征，那么粒子也一定能表现出波的特征。事实上，他进一步发展了这个理论，并指出一个粒子有一个与其动量（mv）相关联的波长（**德布罗意波长**），用公式表示为

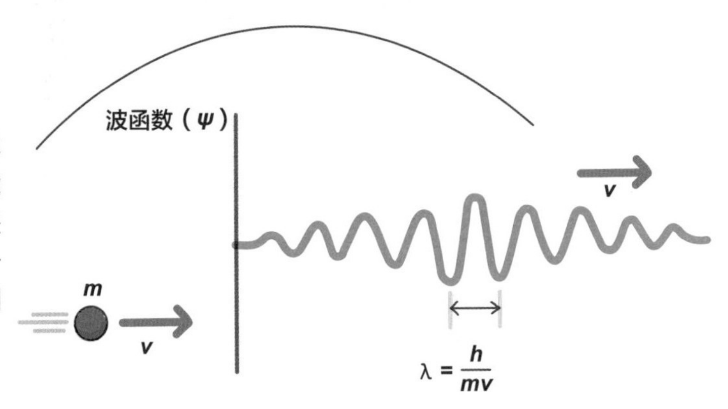

$$\lambda = \frac{h}{mv}$$

公式中，h是普朗克常数。

如果真是这样，人们可利用波的特性，例如衍射和干涉，来验证粒子具有波动性。后来，科学家以光的双缝实验为基础，通过电子衍射实验证实了这一理论。

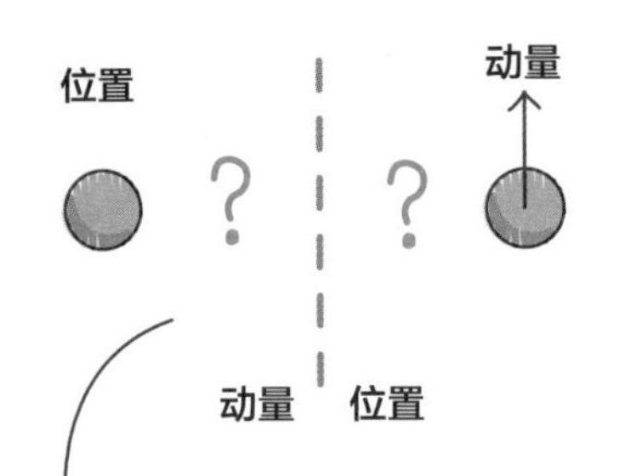

依据自己提出的**测不准原理**，维尔纳·海森堡（Werner Heisenberg）坚称，人们不可能同时确定一个粒子的位置和动量。

沃尔夫冈·泡利（Wolfgang Pauli）提出了**不相容原理**，即“围绕同一原子核的两个电子不能具有相同的量子态。因此，每一个同心能级层所能容纳的电子数有一个最大值”。

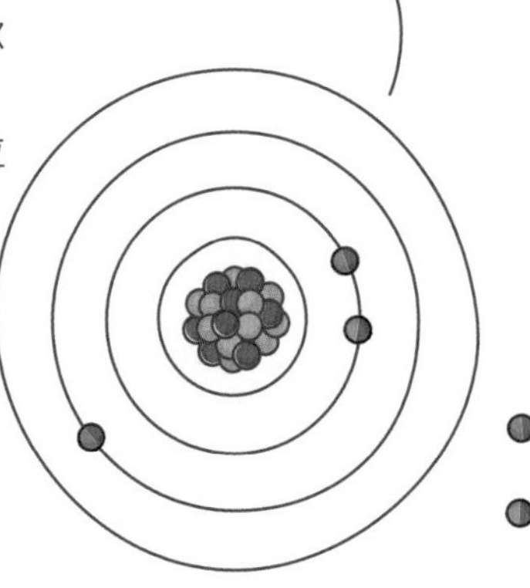

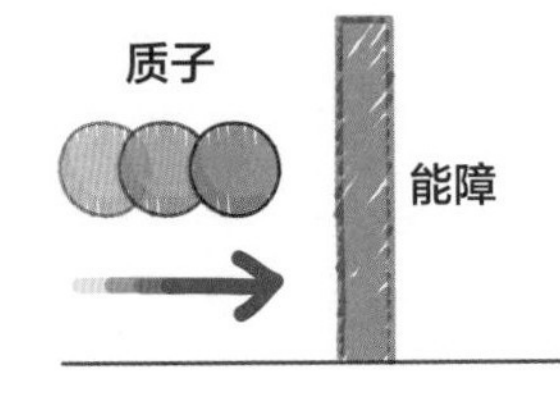

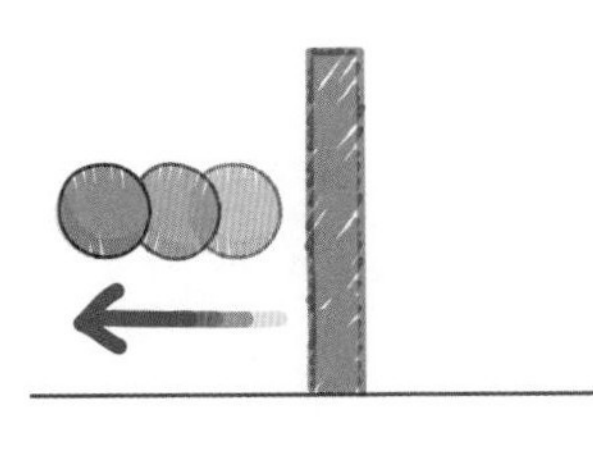

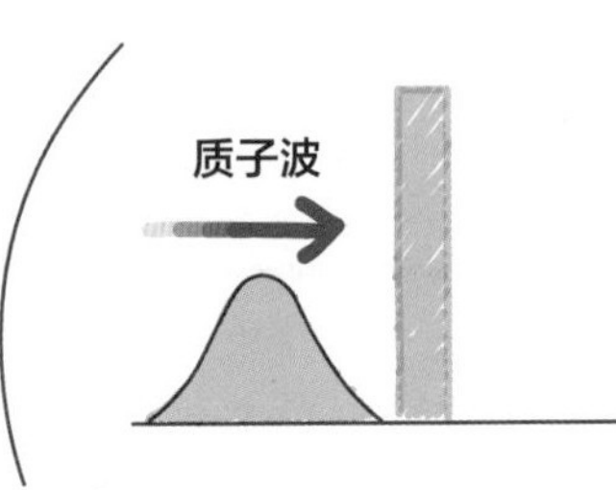

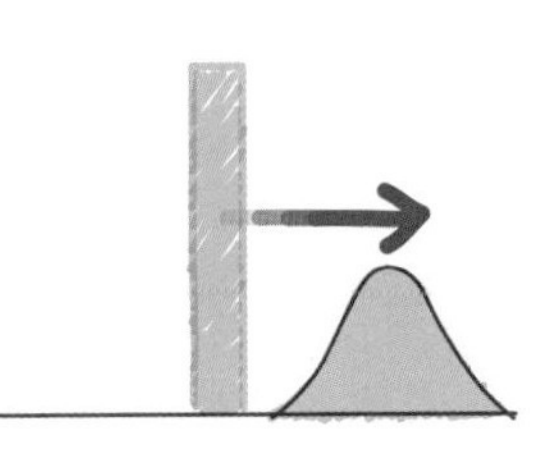

埃尔文·薛定谔（Erwin Schrodinger）创立了**波动力学**，并提出了**波函数的概率**，用以描述粒子的可能位置。

经典物理学中那些不可能的现象，在量子力学中却成为可能。

牛顿力学无法解释恒星中2个质子发生聚合反应的条件，但利用量子力学中的模糊波动特性，人们能够解释2个质子通过**量子隧穿**结合形成氘等现象。

标准模型

现在，你已经对原子内的粒子，例如质子、中子和电子等有了一定的认识。所谓**标准模型**就是将物质分解为更小的亚原子粒子，并将其作为基本粒子进行归类：它们被进一步细分为费米子和玻色子。标准模型在1970年被提出。现在，科学家已经对所有已知的基本粒子进行了分类，并对未知的基本粒子进行了预测。

费米子和玻色子

费米子相当于组成物质的基础构件，它们还可以进一步细分为**夸克**和**轻子**。夸克的类型有多种，如上夸克、下夸克、粲夸克、奇夸克、顶夸克和底夸克。其中，上夸克和下夸克构成质子和中子。

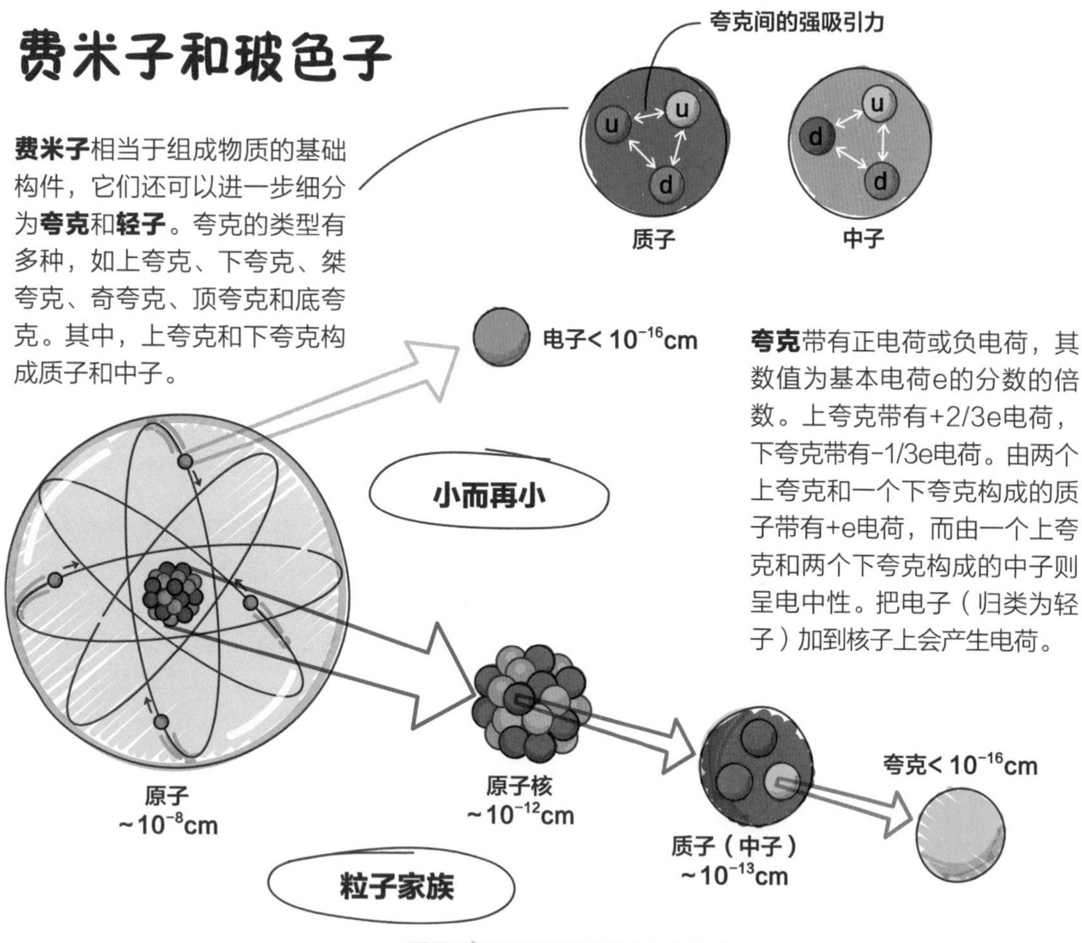

夸克带有正电荷或负电荷，其数值为基本电荷e的分数的倍数。上夸克带有+2/3e电荷，下夸克带有-1/3e电荷。由两个上夸克和一个下夸克构成的质子带有+e电荷，而由一个上夸克和两个下夸克构成的中子则呈电中性。把电子（归类为轻子）加到核子上会产生电荷。

玻色子是粒子间相互作用的介质，人们有时把它称为“力粒子”。例如，**胶子**负责传递将夸克结合在一起从而形成质子和**中子**的强核力。所有粒子间的相互作用均需要作为介质的玻色子。

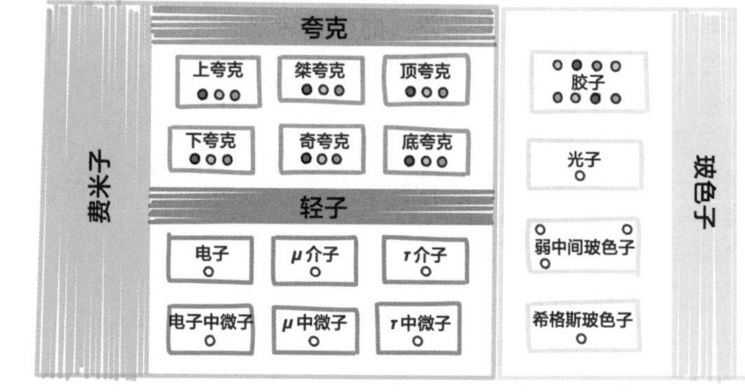

亚原子粒子的属性

基本粒子具有不同的量子力学属性，例如**电荷**（以e的分数为单位）、**旋转动量**、**色荷**和**质量**等。

本表概括了亚原子的分类体系，其中包括它们被预测到及随后被探测到的年份。

家族			粒子	被预言或被发现的年份		电荷（e）
费米子	夸克	u	上夸克	1964	1968	+2/3+
		d	下夸克	1964	1968	−1/3+
		c	粲夸克	1970	1974	+2/3+
		s	奇夸克	1964	1968	−1/3−
		t	顶夸克	1973	1995	+2/3+
		b	底夸克	1973	1977	−1/3−
	轻子	e	电子	1874	1897	−1⅓−
		u	μ介子	0	1936	−1−
		T	τ介子	0	1975	−1−
		ν_e	电子中微子	1930	1956	−1−
		ν_μ	μ中微子	1940s	1962	−1−
		ν_τ	τ中微子	1970s	2000	0
	?	p	质子	1815	1917	0
		n	中子	1920	1932	0
玻色子	介质	g	胶子	1962	1978	+1+
		γ	光子	0	1899	0
		w	W玻色子	1968	1983	±1±
		z	Z玻色子	1968	1983	0
	?	H	希格斯玻色子	1964	2012	0

半导体

导电性能介于绝缘体（如橡胶）和导体（如金属铜）之间的**半导体**，能根据需要将导电性能在开、关状态之间进行切换。半导体在导电性能上的多样性使它具有极高的应用价值。

导体中的电子可以自由移动，因此当它被施加电压时，就会产生电流。

由于绝缘体没有自由电子，情况就不同了。半导体一方面可呈现出导体的特性，另一方面也可呈现绝缘体的特性，这在于它特殊的原子结构。

硅（Si）是一种典型的半导体材料，目前已被广泛应用于电子领域。

半导体的类型

硅原子有14个质子和14个中子，并有14个电子在不同的轨道层上环绕运行。

硅原子
原子序数14

硅原子最外边的电子层上只有4个电子，而这一层本来可以容纳8个电子（称为价电子）。这样，相邻的硅原子就会形成**价键**，来共享电子，结合成一种类似晶体的结构。

共价键
价电子层（m）
共享电子

如果原子中掺入带有3价电子的杂质，例如硼（B），就会在电子层上形成一个空穴。相邻的电子就会周期性地填充空穴，但是这个电子会不断地从一个空穴移动至另一个空穴。这种原子称为**p型半导体**。对这种半导体的两端施加电压，本来在空穴间随机移动的电子空穴会有序地朝着一个方向移动，从而产生可被测量到的电流。

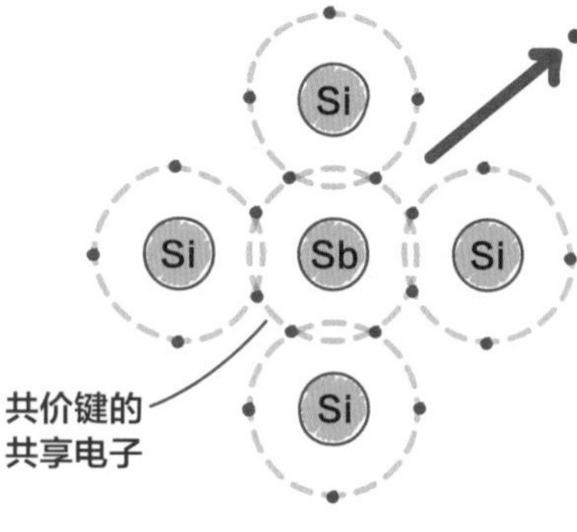

如果在硅中掺入一种带有5价电子的杂质，例如锑（Sb），就会有一个额外的电子不能形成共价键，从而可以自由地移动。这个电子就能形成电流，这就是大家所知的**n型半导体**。添加杂质的过程称为**掺杂**。

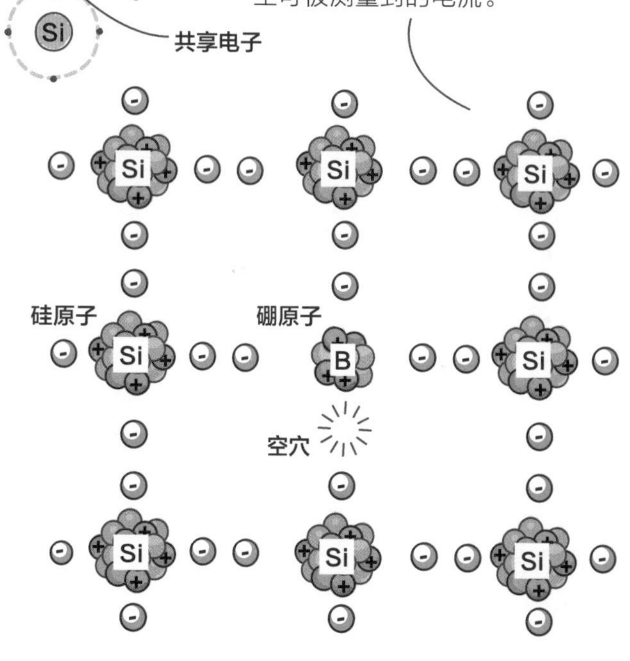

半导体的用途

半导体的导电能力取决于以下几个因素：半导体的类型、掺入杂质的种类和渗入的浓度，以及半导体材料工作时的温度。

金属变热时电阻会增加，但半导体情况不同，它在变热时电阻会迅速降低。

这些特性使半导体以不同的方式被广泛应用于各类电器中，如移动电话、计算机硬件、存储卡等。

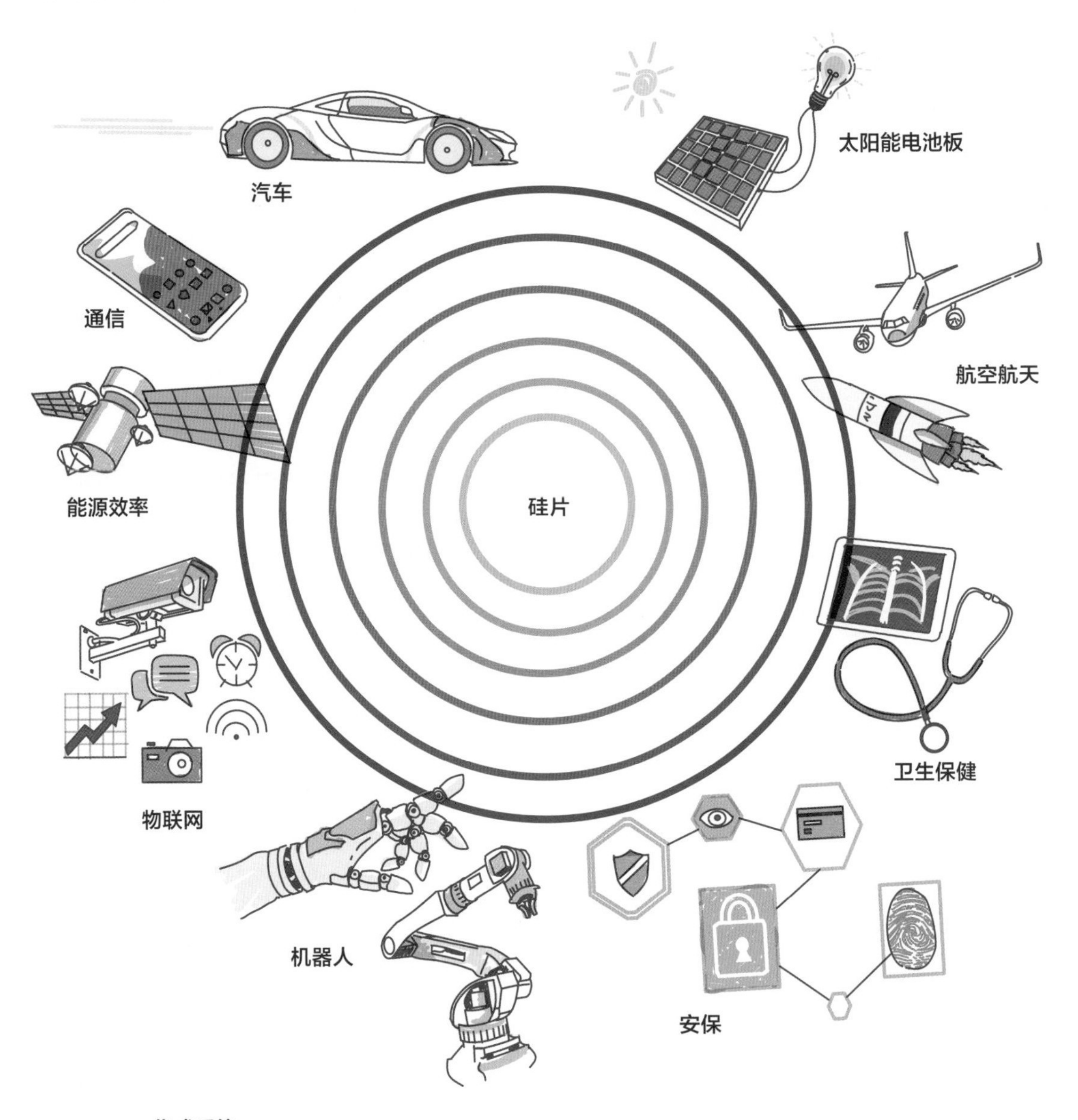

集成系统

子系统设备：过程控制组件（PCB）、超小型电子管（SMT）

组件与模块

要素：无线电、光子、电子

集成电路、芯片

硅（基）片半导体材料是现代电子技术的核心。图中画的是从核心逐步扩展的像涟漪一样的同心圆，这些同心圆表示半导体应用的复杂层级，以及硅片半导体材料是如何从集成电路板发展到极其复杂的大规模集成电路系统的。人类依赖的现代生活的一切几乎都与硅片息息相关。

小结

现代物理学

狭义相对论

爱因斯坦的理论

两个独立观测者之间的相对速度不会超过光速。

时间延缓

在一个运动的参照系中的观测者，相对处于不同速度运动的另一个参照系里的观测者，会感受到时间变慢。

广义相对论

等效原理

受引力场作用的加速系与受外力作用的加速系是没有差别的。

时空的弯曲

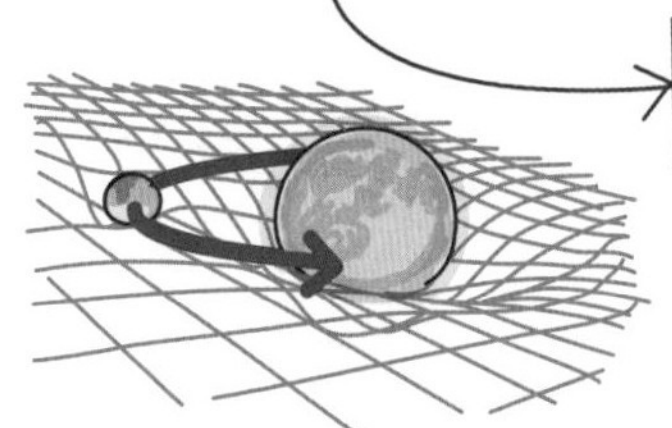

万有引力使空间弯曲。

量子物理学

半导体

半导体可以在导体和非导体之间切换，用于所有电子领域。

标准模型

基本粒子分为费米子（构件）和玻色子（力的粒子）。

夸克

亚原子粒子具有诸如电荷、旋转动量、色荷及质量等属性。

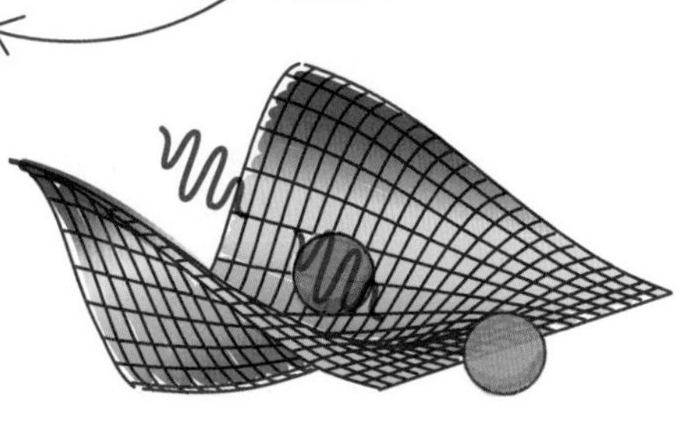

思想的协作

一系列的发现和不断完善构成了量子物理学。

马克斯·普朗克

量子理论

沃尔夫冈·泡利

不相容原理

埃尔文·薛定谔

波函数的概率

维尔纳·海森堡

测不准原理

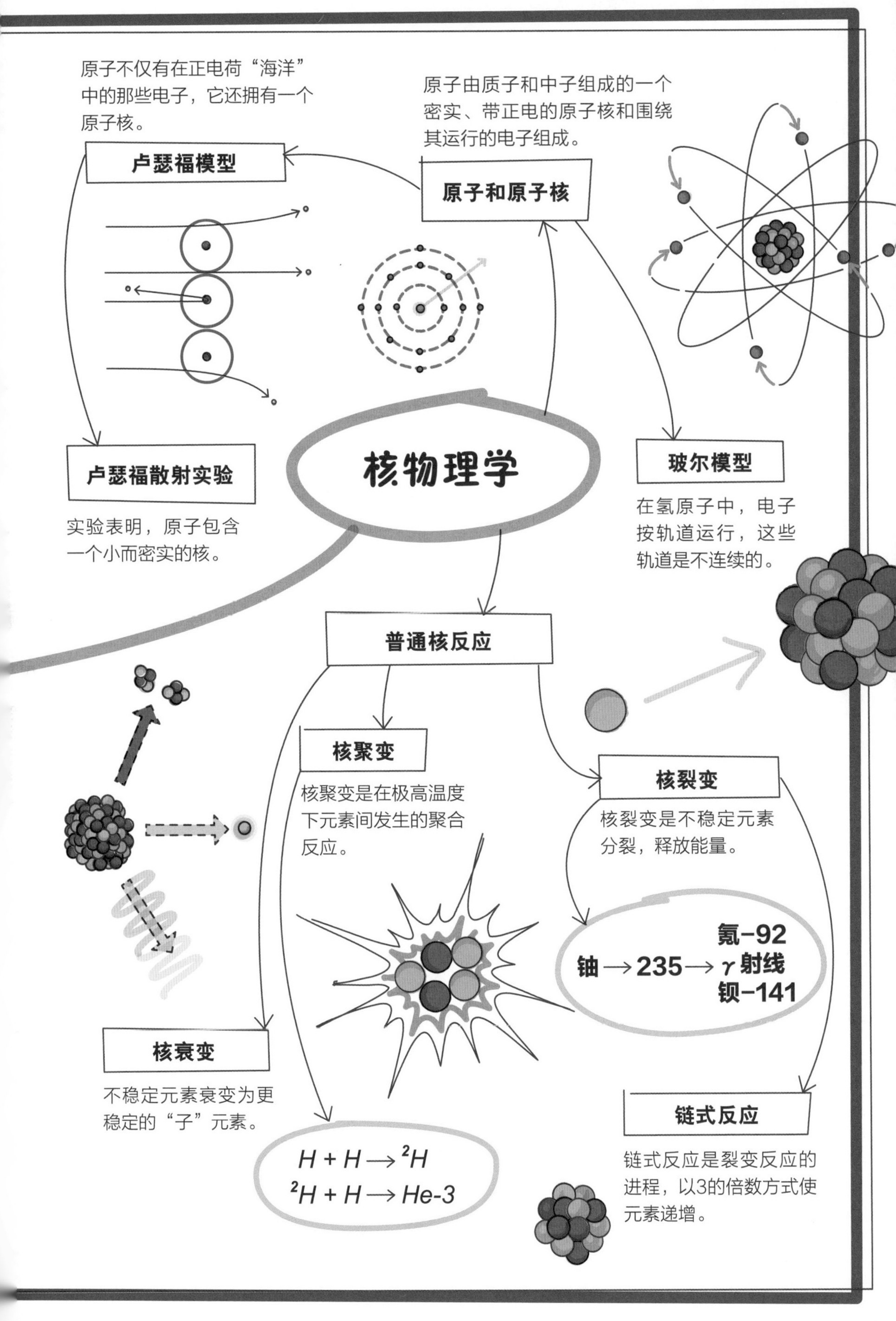
原子不仅有在正电荷“海洋”中的那些电子，它还拥有一个原子核。
原子由质子和中子组成的一个密实、带正电的原子核和围绕其运行的电子组成。
卢瑟福模型
原子和原子核
核物理学
卢瑟福散射实验
实验表明，原子包含一个小而密实的核。
玻尔模型
在氢原子中，电子按轨道运行，这些轨道是不连续的。
普通核反应
核聚变
核聚变是在极高温度下元素间发生的聚合反应。
核裂变
核裂变是不稳定元素分裂，释放能量。
铀→235→γ射线
氪-92
钡-141
核衰变
不稳定元素衰变为更稳定的“子”元素。
链式反应
链式反应是裂变反应的进程，以3的倍数方式使元素递增。
H + H → ²H
²H + H → He-3

第十三章

天体物理学

在物理学中，天体物理学是一门既古老又崭新的学科。人类文明的曙光刚刚开始闪耀时，天文学家就出现了。不过，由于当时设备的制约，他们仅能进行一些初步的观察。直到功能强大的全新地面望远镜问世，例如坐落在智利的直径为8.2米的甚大望远镜，人们才能真正开始探索宇宙并逐步解开宇宙之谜。1990年，随着拥有超强成像能力的哈勃空间望远镜的投入使用，天文学和天体物理学进入了令人兴奋的新纪元。

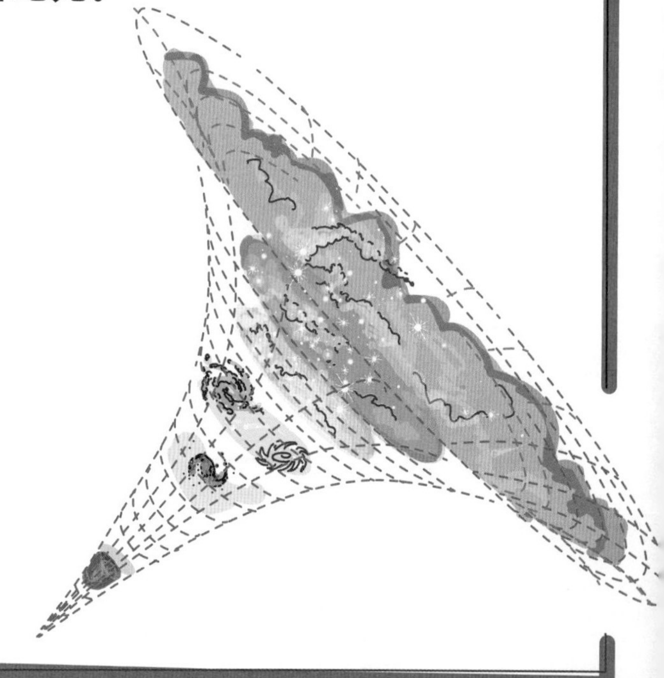

星体的演化

太阳是距离我们最近的恒星，我们把太阳到地球的距离定义为一个**天文单位**（1AU）。太阳每天都向地球放射支撑生命所需的能量，它就这样日复一日地坚持了几十亿年。然而，太阳也不过是浩瀚宇宙中一颗中等大小的恒星。

星云盘

原恒星

喷流

恒星的诞生

星云由巨大的尘埃和气体云团组成，主要成分是氢和氦，也有少量其他元素。其中比较重的元素是在数十亿年前**超新星**爆发中形成的。

由万有引力产生的吸引力使得星云中密度很高的气体区域开始流向星云的中心。当这些巨大的气体区域向同一个中心坍缩时，云团体积会缩小，密度则会增加。因角动量守恒，星云自旋速度会相应增大。最终，气体中心的密度大到足以引发核聚变的燃点，一颗恒星便诞生了。

星云盘围绕着新恒星旋转，在万有引力作用下聚集并形成行星，这些行星终其一生都围绕着这颗恒星做轨道运动。

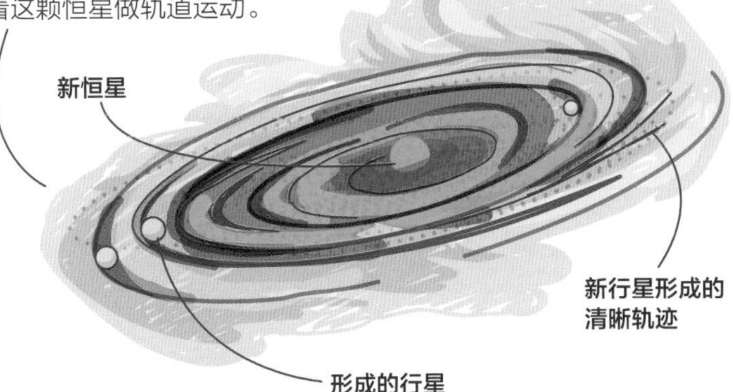

在核聚变过程中，恒星上燃烧的主要物质是存在于其内核的氢。通过聚变过程，氢被转化为氦。

新恒星燃烧的速率及其最终命运，取决于它诞生时质量的大小。

马头星云

太阳的寿命与死亡

有些恒星，如我们的太阳，有着长久而稳定的生命，并以适当的速率燃烧着内核中的燃料。对围绕着这些恒星做轨道运动的行星上的生命而言，这是一种理想状态。这种持续数十亿年的稳定性，让生命有足够时间成长和繁衍。

我们的太阳保持现状已超过45亿年了，而且还会在未来的50亿～60亿年里，以同样的速率继续燃烧。恒星的主要生命阶段称为主序阶段。我们的太阳就处在这个阶段，是一颗**主序星**。

目前，太阳的表面温度高达5800K。太阳内核存储的氢燃料，从现在开始尚需50亿～60亿年才会消耗殆尽。那时，太阳的中心区域会失去稳定性并开始坍缩，它的外层开始膨胀和冷却，其颜色将变得更红，这就意味着恒星将进入**红巨星**阶段。

当白矮星的外层散去后，恒星就进入了生命周期的最后阶段，变成**行星状星云**——以白矮星为中心的灼热发光气体。

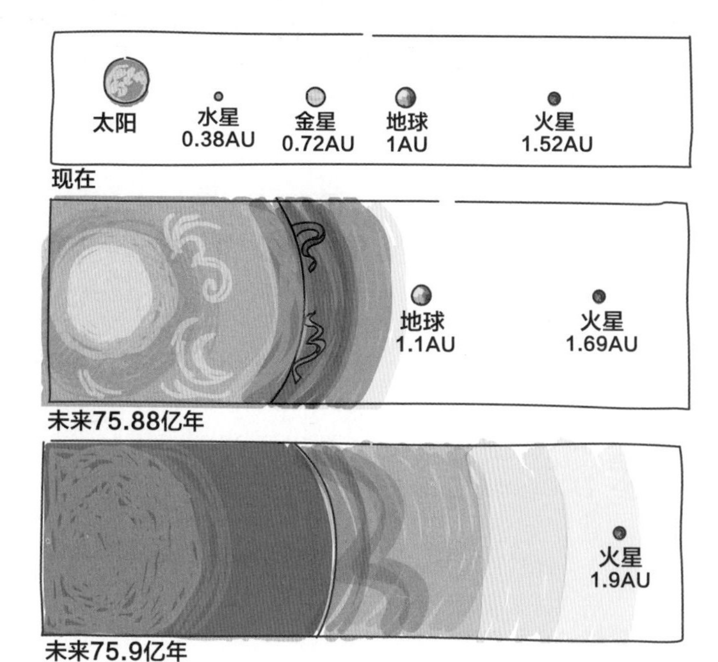

太阳的外层也在持续膨胀，而它灼热的中心区域开始和缓地向太空散发气体。随着外层物质全都分离出去，它灼热的中心区域便暴露出来，成为白矮星。

一颗白矮星的大小和地球差不多，但它的温度极高（几乎达到25000K）。白矮星自身不产生能量，它们是恒星核心冷却后的残留物。

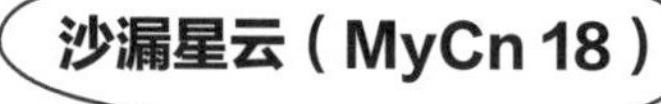

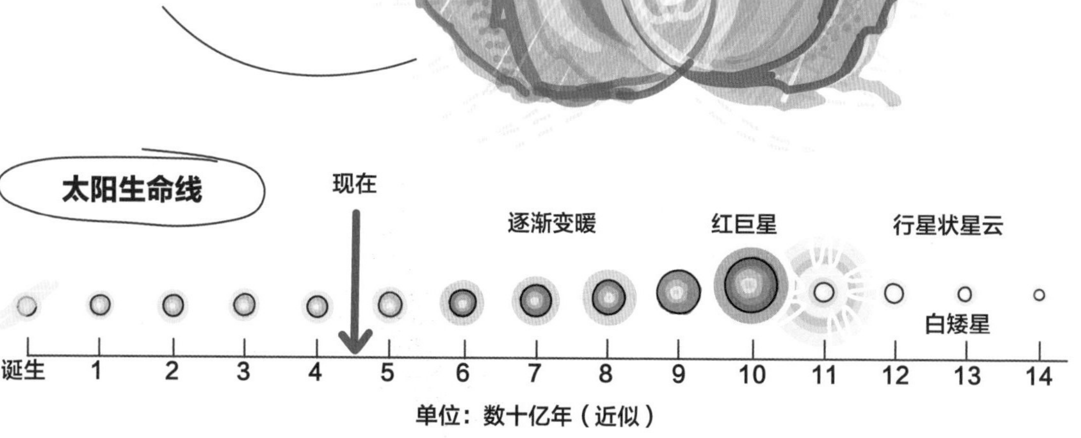

大质量恒星的生命和死亡

超过10个太阳质量的恒星的生命周期迥然不同，而且更加壮观。大质量恒星会以更高的速率消耗它们的燃料，表面温度也达到10000～50000K。比如，紧挨着**蓝巨星**的轩辕十四星，距地球约80光年，表面温度接近13000K。

在燃料全部耗尽之前，蓝巨星通常会在1亿～10亿年的时间内保持稳定。一旦燃料耗尽，它们会变得极不稳定，并以极为暴烈的形式消亡：**超新星爆发**。

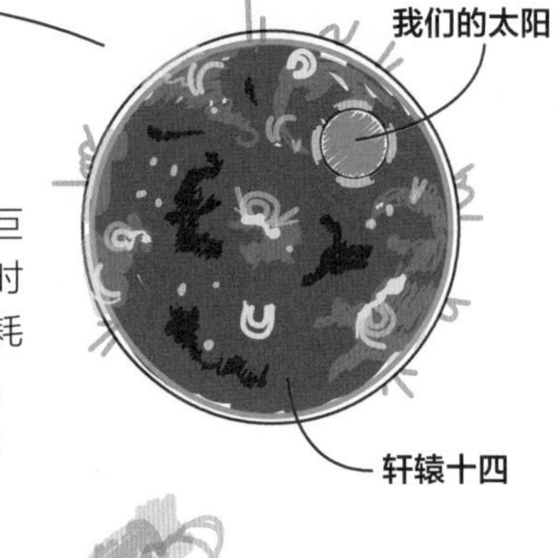

燃料耗尽的恒星内核突然坍缩，温度大幅上升。其结果就是一次大爆炸，产生的巨大冲击波将穿透恒星的外层物质向外辐射，形成高密度张力波。这些高密度区域为熔化质量重于氢和氦的元素创造了条件，从而也造就了宇宙中的各种元素。爆发的超新星，凭借整个星系的能量，照耀整个星系数周甚至数月之久。

超新星爆发后的残留物质也许会变成一颗**中子星**，相当于将约1.4个太阳质量的物质压缩进一个直径约20千米的球体之中。

如果这颗恒星的质量更大，它留下的内核将继续坍缩，结果会形成一个**黑洞**。黑洞的核心区域密度极高，被它抓住的所有光线都无法逃脱其“魔爪”。

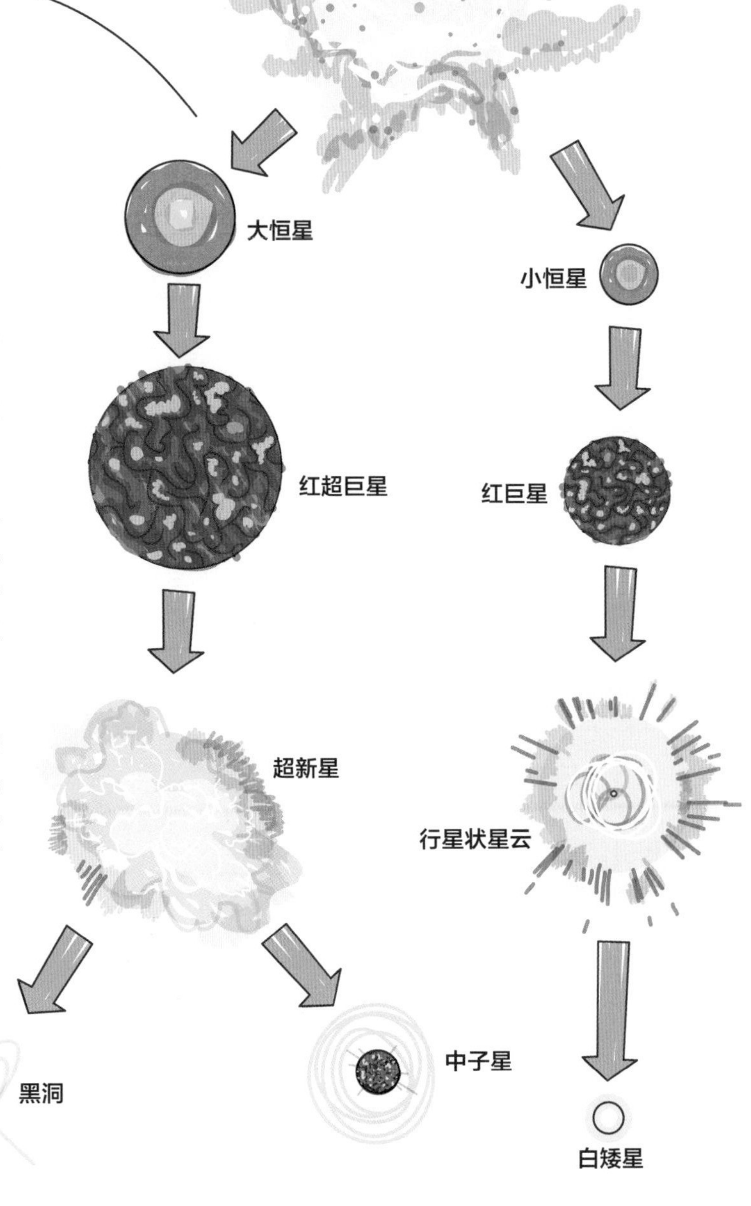

赫兹普龙-罗素图

在赫兹普龙-罗素图上，科学家用x轴表示恒星的温度，用y轴表示恒星的光度（功率输出）。在银河中，恒星区的温度和光度范围非常大，因此x轴与y轴采用的刻度都是对数单位而不是线性单位。

热与光

把宇宙天体系统全部形象化展示出来的确有一定难度，于是科学家们就根据星体的光度来标注星体的类型。他们把恒星放在一起，根据它们的相对温度和相对亮度进行区分。这就是赫兹普龙-罗素图。1910年前后，埃纳尔·赫兹普龙和亨利·诺利斯·罗素分别创建了这种方法，标志着人类在掌握星体演化方面迈出了重要一步。

右图中的刻度单位很奇特：横轴上的温度从左至右递减，纵轴上的光度以10倍的太阳光度为单位递增。图中那条从左上向右下倾斜的恒星带极其复杂，它以恒星的半径进行分类。图中显示的是它们与太阳半径的倍数关系。

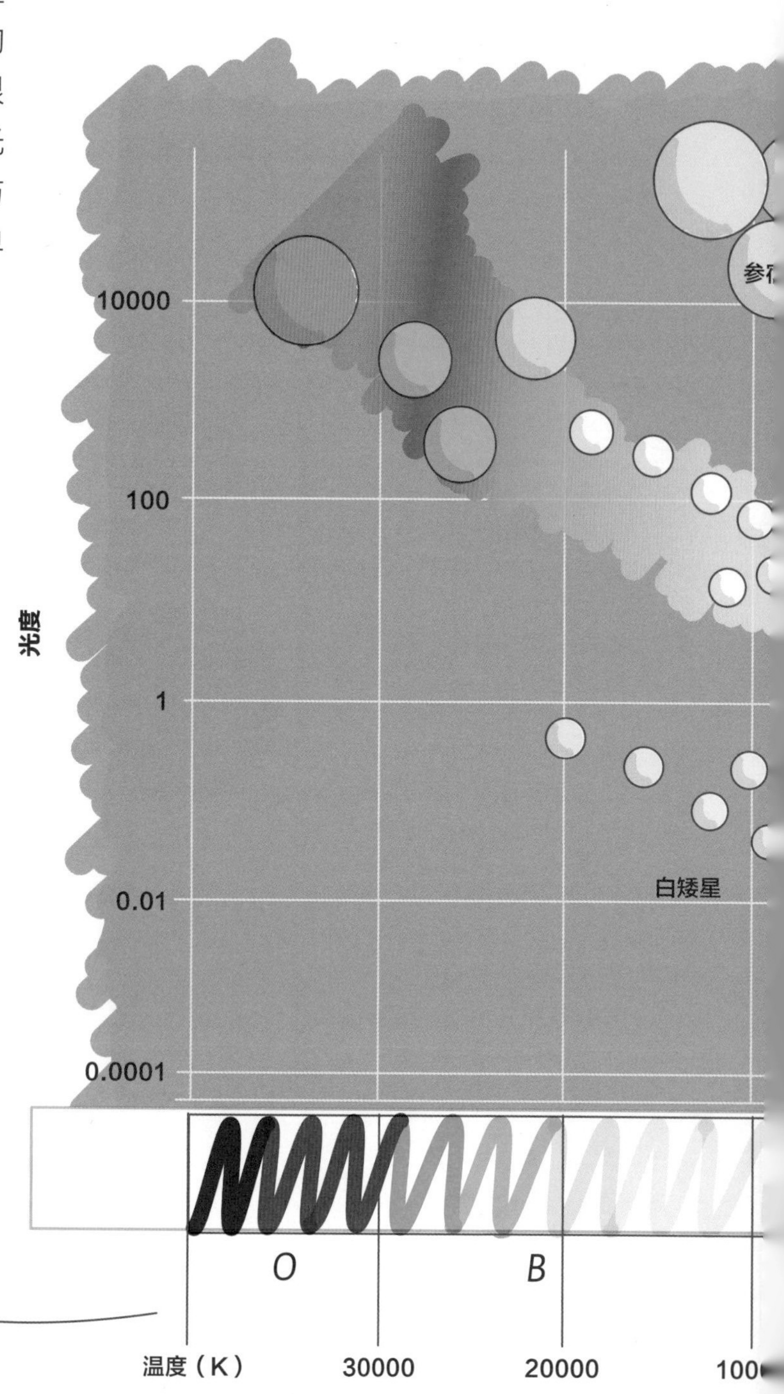

对恒星进行分类，依据的是它们的大小、颜色、温度和光度。一颗恒星的**光度**是对它的亮度或能量进行测量的结果，以瓦特（W，J/s）为计量单位。太阳的光度为4×10^{26}W，而蓝巨星参宿七的光度约是太阳光度的120000倍。

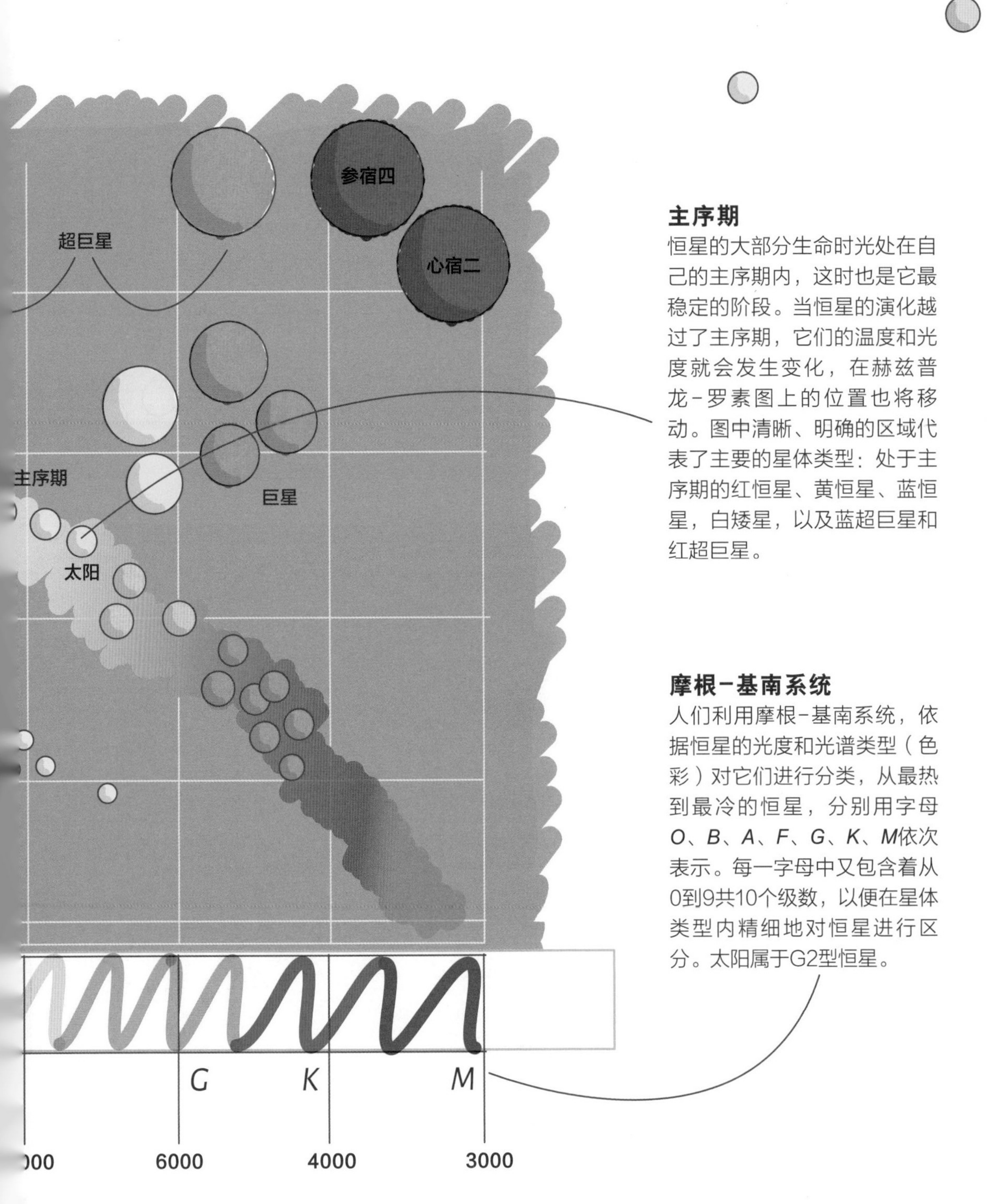

主序期

恒星的大部分生命时光处在自己的主序期内，这时也是它最稳定的阶段。当恒星的演化越过了主序期，它们的温度和光度就会发生变化，在赫兹普龙-罗素图上的位置也将移动。图中清晰、明确的区域代表了主要的星体类型：处于主序期的红恒星、黄恒星、蓝恒星，白矮星，以及蓝超巨星和红超巨星。

摩根-基南系统

人们利用摩根-基南系统，依据恒星的光度和光谱类型（色彩）对它们进行分类，从最热到最冷的恒星，分别用字母*O*、*B*、*A*、*F*、*G*、*K*、*M*依次表示。每一字母中又包含着从0到9共10个级数，以便在星体类型内精细地对恒星进行区分。太阳属于G2型恒星。

星系动力学

我们所在的星系称为银河系。银河系是一个相当大的**旋涡星系**，有1000亿～4000亿颗恒星，星系直径大概有100000光年，中心厚度约有10000光年。我们的太阳系位于银河系的一只旋臂上，与银河系中心的距离有26000光年左右。

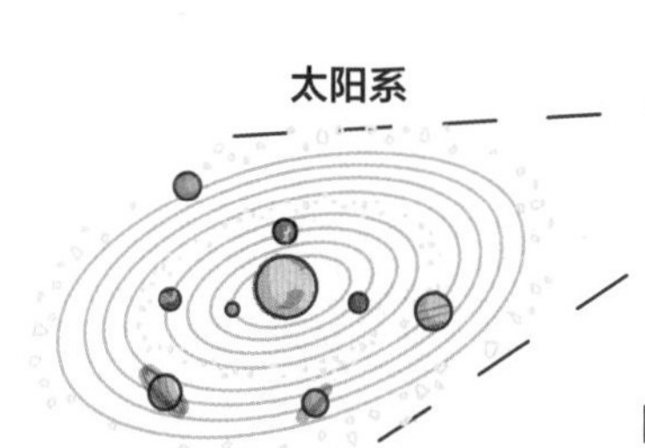

星系

宇宙中有数十亿个星系，从规模上看，每个星系所含恒星数量从数百万到数十亿不等。宇宙大爆炸发生后20亿～25亿年，银河系开始形成。

气体在大爆炸后冷却到相当低的温度后开始坍缩，进入宇宙的不同区域，随着其密度不断增加，逐步形成了最初的星团。

随着这些空间区域的坍缩，由于角动量守恒，星系的旋转速度加快，并开始呈现出盘状旋涡结构。恒星则围绕着旋涡星系中心旋转，速度超过800000km/h。

古老而遥远的星系通常呈椭圆形，没有旋涡状结构。原因或许在于早期宇宙中发生过巨大的星系间碰撞，导致各星系合并它们的旋转动能，从而创造出**椭圆星系**。

星系时间表

大爆炸

大质量的年轻星系

大质量的老年星系

13.7　2.5　0

宇宙年龄（数十亿年）

星系形态

科学家设想在所有星系中都有一个居于中心且质量巨大的黑洞，这对于星系的创造、动能以及类型各异的演化而言也许是必要的。星系形态是**形态学**的研究对象，也能够依据形态学分为不同种类。

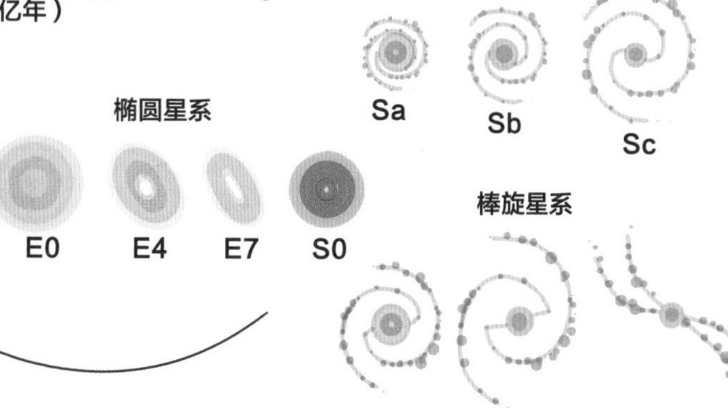

旋转速度

星系的动能让星系发生了自旋，就像一位滑冰运动员将手臂紧贴身体时会旋转得更快一样，旋转中的气体收缩聚集也会形成一个旋转速度更快的星系。来自星系中所有有质量物体的引力会使星系“合为一体”，而星系的旋转速度却会使星系“分崩离析”，前者使星系收缩，后者使星系分散，最后二者平衡，使星系达到稳定状态。这就像一个小朋友绕着圆圈旋转，他必须保持住自己的姿势才不至飞出圈外。太阳正以约240km/s的速度绕着银河系中心旋转，正是其受到周围所有物体的引力，才使它保持随银河系旋转的稳定性。

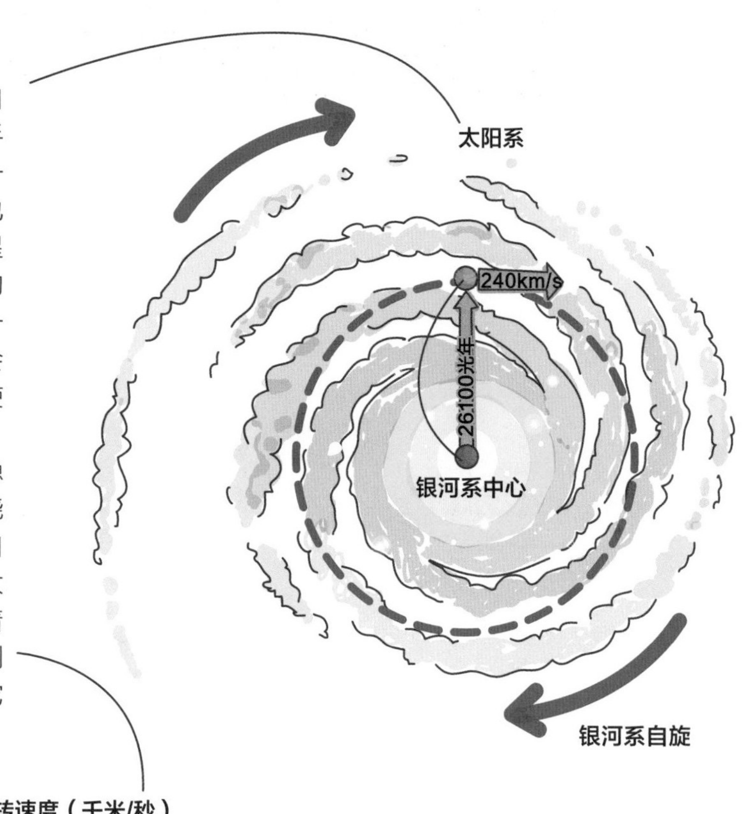

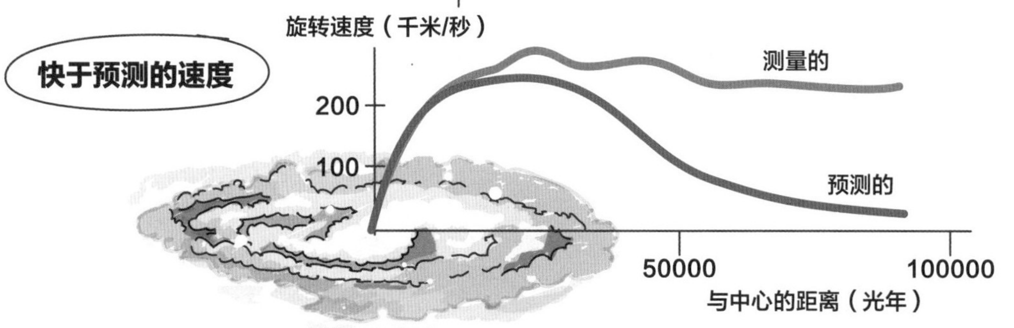

暗物质

通过测量所有恒星的亮度，天文学家们能估算出星系的总质量。在观测的基础上，他们再对星系中的恒星数量做出判断。结果发现，银河系中的恒星数量明显不足。我们见到的恒星，其质量不足以让银河系免于分解。恒星沿着银河系半径旋转的预期速度，远低于实际观测到的速度，而且越是远离星系中心就越是如此。

那么问题来了：是什么使星系聚而不散？对此，人们提出了若干可能性，其中最流行的一种说法是，星系中存在着我们肉眼无法看见的暗物质。

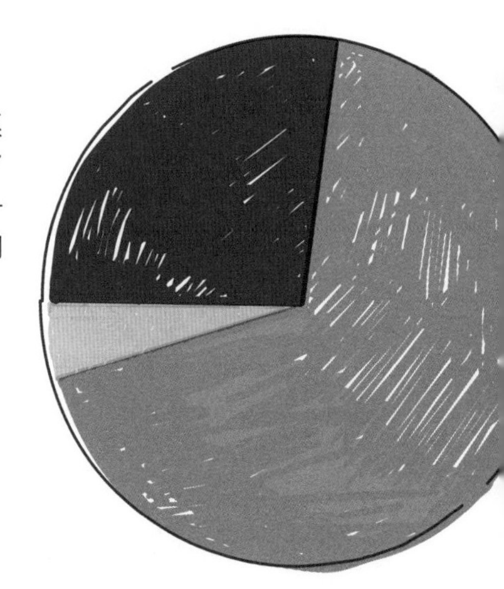

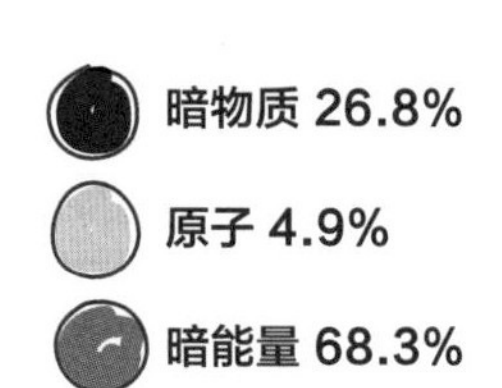

红移与退行速度

随着宇宙的膨胀，星系正在高速运动。利用大型地面望远镜观察星系发出的光，天文学家能够测算出这些星系相对于地球的运动速度。天文学家运用**光谱学**将星系光线的所有波长解析出来，以此测量星系的运动速度。

膨胀中的宇宙

从地球上观察，大多数星系正在离我们远去，它们相互之间也在“各奔东西”。1917年，爱因斯坦把自己做的一件事称为他一生中的“最大失误”，那就是他所建立的公式本已正确预测到宇宙的膨胀，但他却不相信这个结果。当时，还没有明显的证据表明宇宙处于膨胀状态。于是，为了表明宇宙处于稳定状态，他创设了宇宙常数Λ来“修正”这一“失误”。

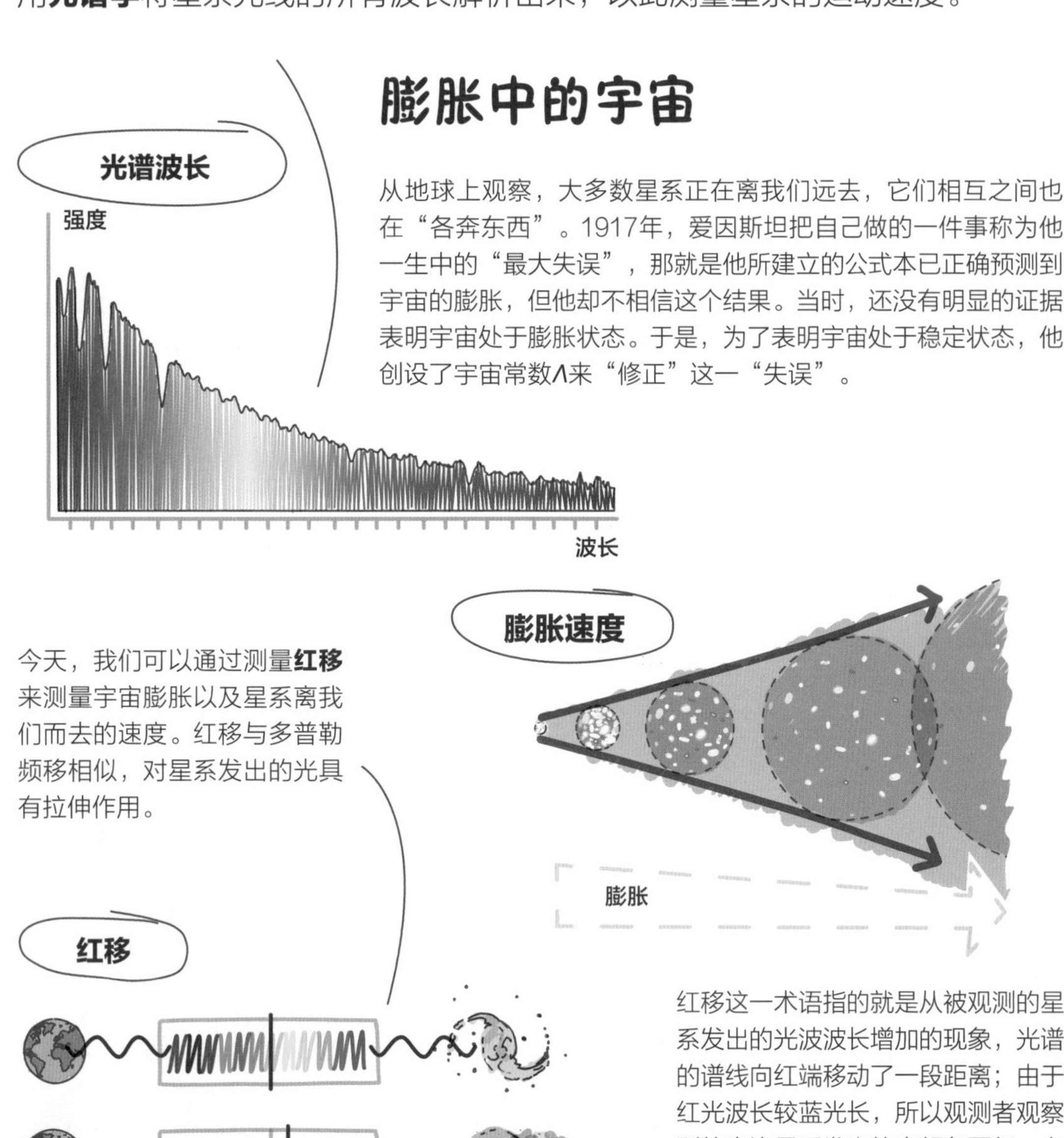

今天，我们可以通过测量**红移**来测量宇宙膨胀以及星系离我们而去的速度。红移与多普勒频移相似，对星系发出的光具有拉伸作用。

红移这一术语指的就是从被观测的星系发出的光波波长增加的现象，光谱的谱线向红端移动了一段距离；由于红光波长较蓝光长，所以观测者观察到的光比星系发出的光颜色更红。向观测者方向移动的星系颜色向波长较短的蓝色偏移，原因在于它的光谱正在发生蓝移。只有本星系团和本星团才有蓝移现象，因为它们在宇宙中朝向地球运动。

退行速度

天文学家认为，在宇宙膨胀的过程中，一些星系正在退去或加速离我们而去。由于离去的速度较快，那些遥远星系所处的空间正经历着更快的膨胀，也就是说，那些星系正以更快的**退行速度**离地球而去。与地球的距离越远，它们的移动速度越快。

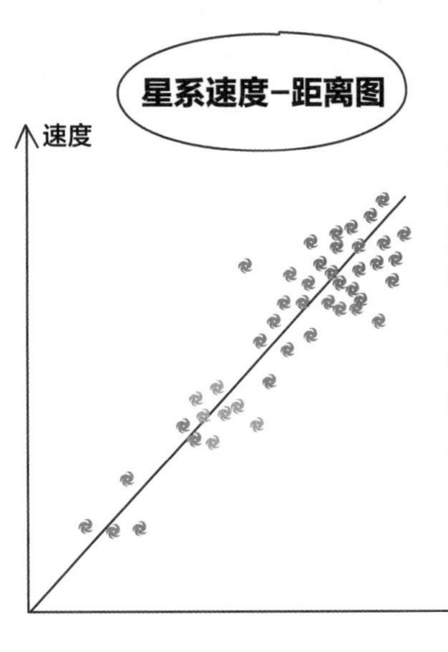

这种情形与第113页描述的救护车离我们远去的场景相似。通过地球上的望远镜对光的频率进行观测，科学家发现，与光从星系发出时的数据相比，被地球望远镜观测到的光的频率较低，波长较长。鉴于红移与退行速度之间的比例关系，天文学家据此就能确定这个星系离我们远去的速度。

星系的光谱有各种已知的参照点，表现为**发射线**（发射光谱）和**吸收线**（吸收光谱）；它们都是由星系气体内部的各种元素引起的，很容易分辨。在地球上，这些元素的发射光谱或吸收光谱的波长都是已知的，我们称之为**实验室参数系**。当我们观察这些来自遥远星系的光时，就会发现这些光线看起来向较低频率和较长波长的方向进行红移。经由观测获得的红移总量与星系的退行速度是一致的。

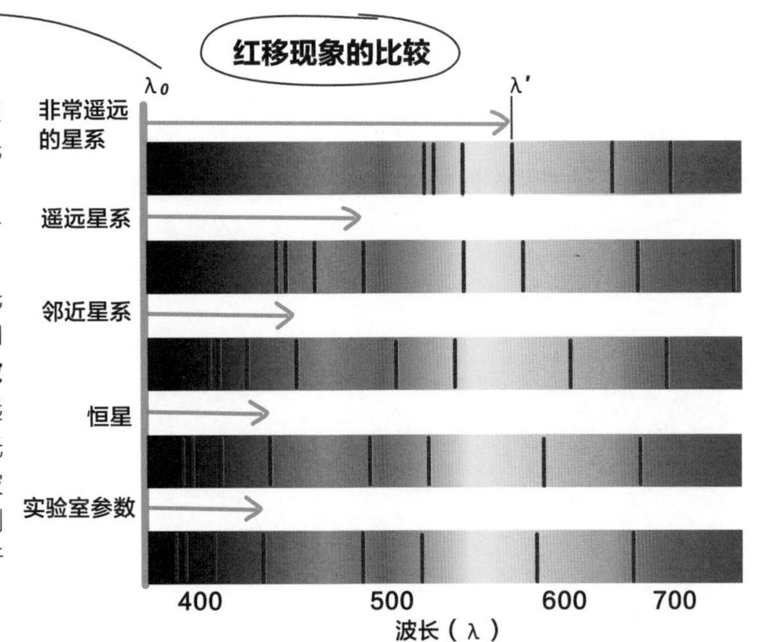

在这种情况下，我们可以通过测量已知的发射线和吸收线的波长变化（$\Delta\lambda$）并将其除以波长（λ），得出红移（z）的值。以上内容用公式可表示为

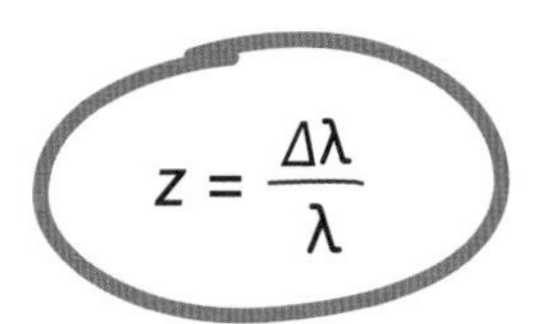

$$z=\frac{\Delta\lambda}{\lambda}$$

红移（z）等于退行速度（v）与光速（c）之比，v远小于c，二者的关系可用公式表示为

$$z=\frac{v}{c}$$

利用这两个公式，我们就能够精确地判定一个遥远星系的运动速度。

哈勃常数

与爱因斯坦同时代的埃德温 · 鲍威尔 · 哈勃（Edwin Powell Hubble）是一位美国天文学家。作为科学家，哈勃得到了全世界的普遍认可，他直接证明：宇宙由数十亿个相距遥远的星系构成，而这些星系正在高速远离我们。哈勃深场是由哈勃空间望远镜拍摄到的一幅关于“暗空”的微小区域影像，对上述推论予以确认。

通过细致入微的观察，哈勃还发现遥远星系的退行速度（v）与它们的距离（d）有直接的正比关系。这就是广为人知的哈勃定律，用公式表示为

$$v = H_o d$$

其中，H_o为哈勃常数。

就公式中哈勃常数的数值应如何确定的问题，曾有过数十年的激烈争论，大家在50～100km/s/Mpc之间难以选择。争论产生的主要原因是观察数据的不一致和缺少判定星系距离的可靠方法。如今，我们已经掌握了更多精确的数据，在此基础上，人们普遍接受了71km/s/Mpc差距的说法。

红移与退行速度

哈勃常数可用于计算宇宙年龄。将公式重新排列可得出以下关系：

$$\frac{d}{v} = \frac{1}{H_o}$$

距离除以速度即为时间单位，因此，哈勃常数H_o的倒数即为哈勃时间，取合适的单位，可得其数值为140亿年。

兆秒差距（Mpc）= 3.1 × 10^{22} 千米

哈勃定律

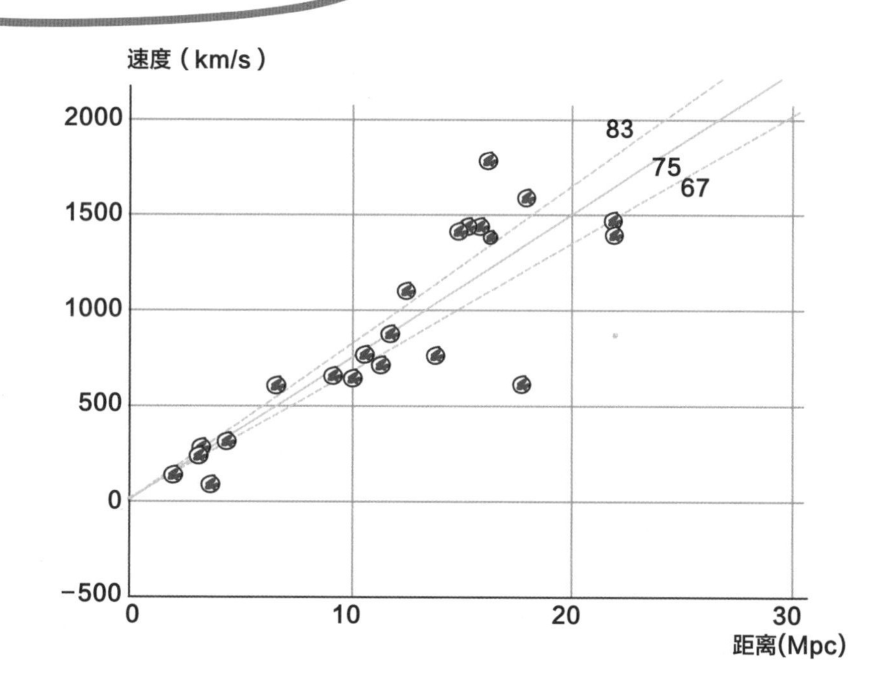

根据哈勃常数，一个星系每移动1兆秒差距（Mpc），其退行速度为71km/s。

发现类星体

根据一些地面观测站和哈勃空间望远镜观测数据合成的高分辨率影像，人们最终发现了宇宙初期最亮的**类星体**，它的编号为J043947.08+163415。

类星体（星状物体）是超大质量的黑洞，其放射的能量是整个银河系能量的一千倍，覆盖了全部电磁谱。

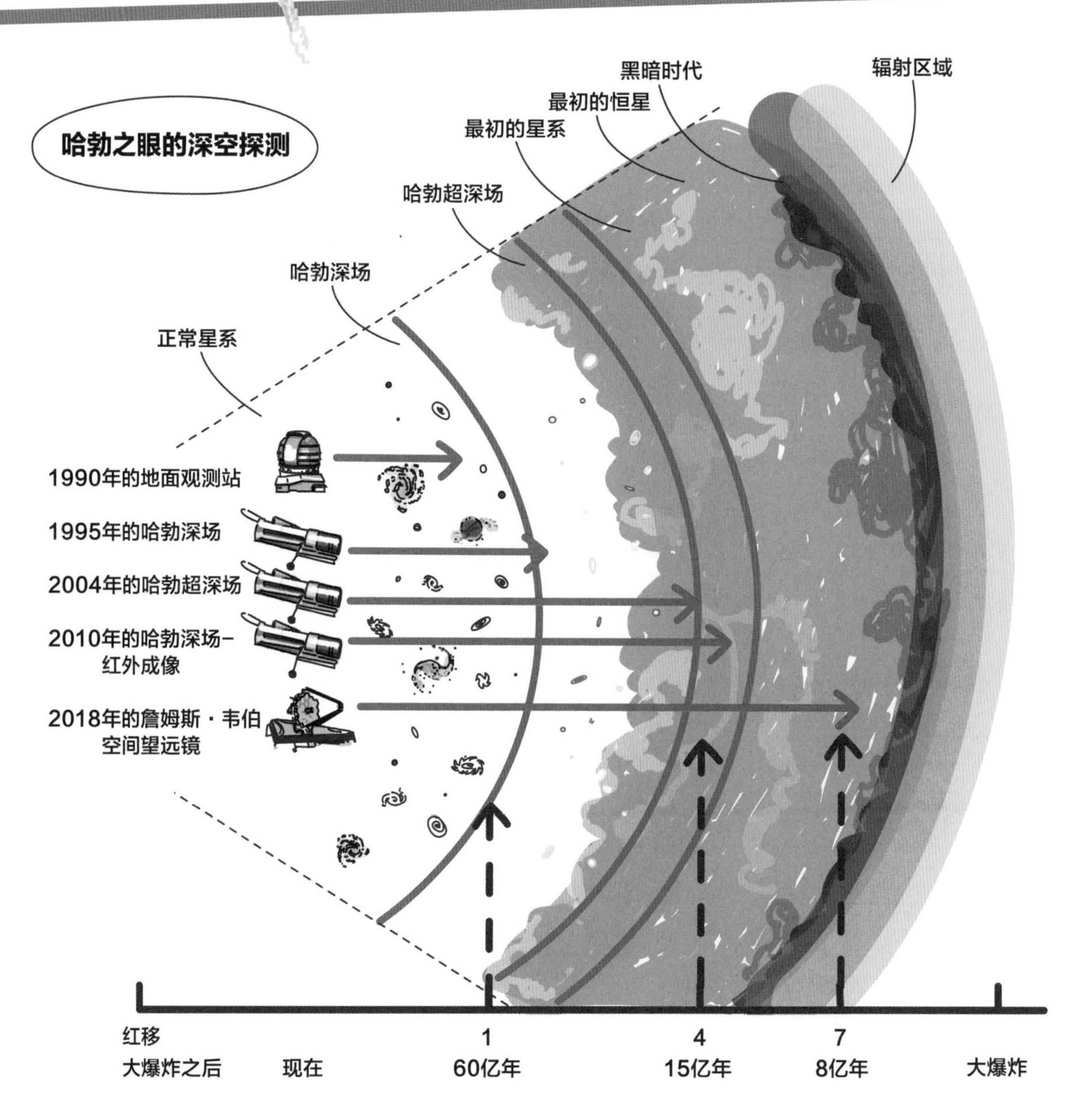

宇宙的开端

宇宙有一个开端。天体物理学家相信，在某个时间点上，人们看得见和看不见的所有质量，聚集成了一个体积无限小且密度无限大的点（奇点），这个拥有无限质量的点发生爆炸，创造了宇宙。

大爆炸理论

大爆炸这个说法实际上并不准确，因为它的整个过程既无形又无声。在一个无限小的空间里，因为没有空气，所以无法传递任何声音。尽管如此，天体物理学家还是认为，大约在140亿年前，一个密度无限大的奇点发生过爆炸，于是便有了我们现存的宇宙。

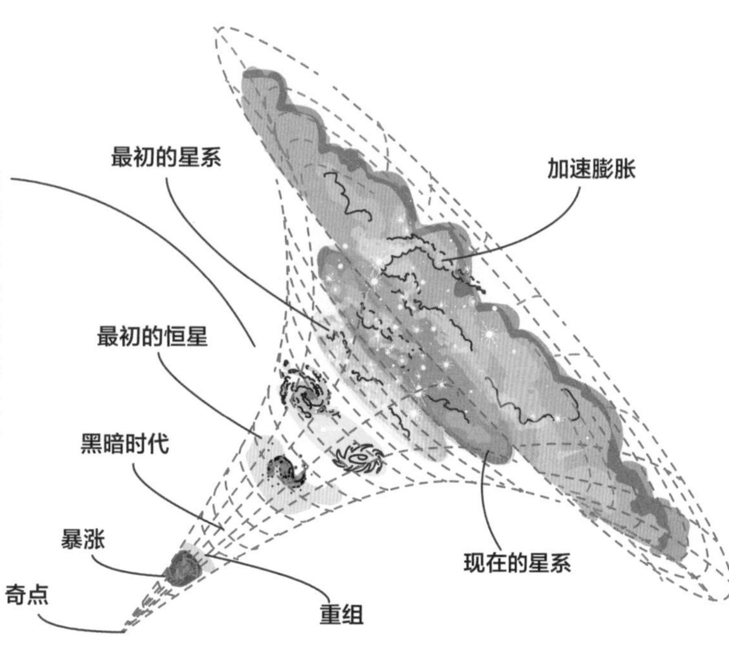

科学家们找到了与上述推论一致的证据。由于我们在地球上观察到的大多数星系发出的光依其退行速度产生了红移，因此它们都在离我们而去。星系与我们的距离越远，它的退行速度就越快。

设想一个表面画着若干小圆点的气球，并用这些小圆点来代表宇宙中的星系。当气球膨胀时，小圆点就会扩张，各个小圆点之间的距离也会随之增大。这就是宇宙膨胀的模式。

从每个圆点（星系）看去，就会发现另外的圆点（星系）正在离去，而其远离的速度与它们相互间的距离成正比。地球上对星系的观察使我们有理由相信：整个宇宙正在膨胀，基本上，所有星系也在远离彼此。

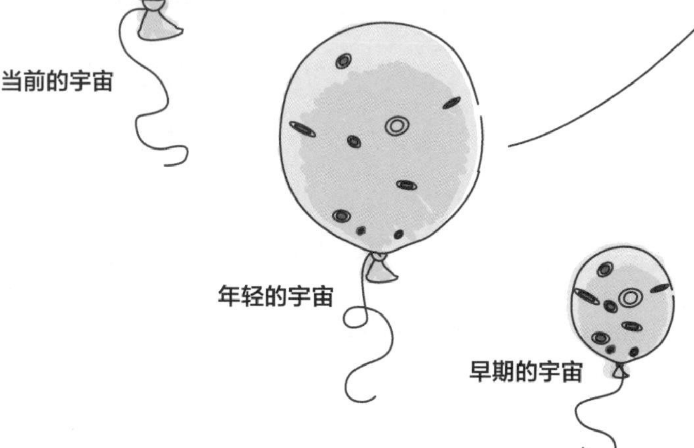

宇宙微波背景

1964年，美国无线电天文学家阿诺·彭齐亚斯（Arno Penzias）和罗伯特·威尔逊（Robert Wilson）偶然发现了宇宙大爆炸的回波，他们因此获得了1978年的诺贝尔物理学奖。

在扫描太空无线电频率的过程中，两位天文学家记录到了一个连续的无线电信号。这个信号有些反常，他们起初认为这是由设备被鸽子粪便污染所致。

但在彭齐亚斯和威尔逊对设备进行了仔细清洁之后，反常现象依然存在。于是，他们意识到，该信号是真实可靠的。后来，他们发现太空的所有区域都在发射这种信号，只是强度上略微不同。

大爆炸回波

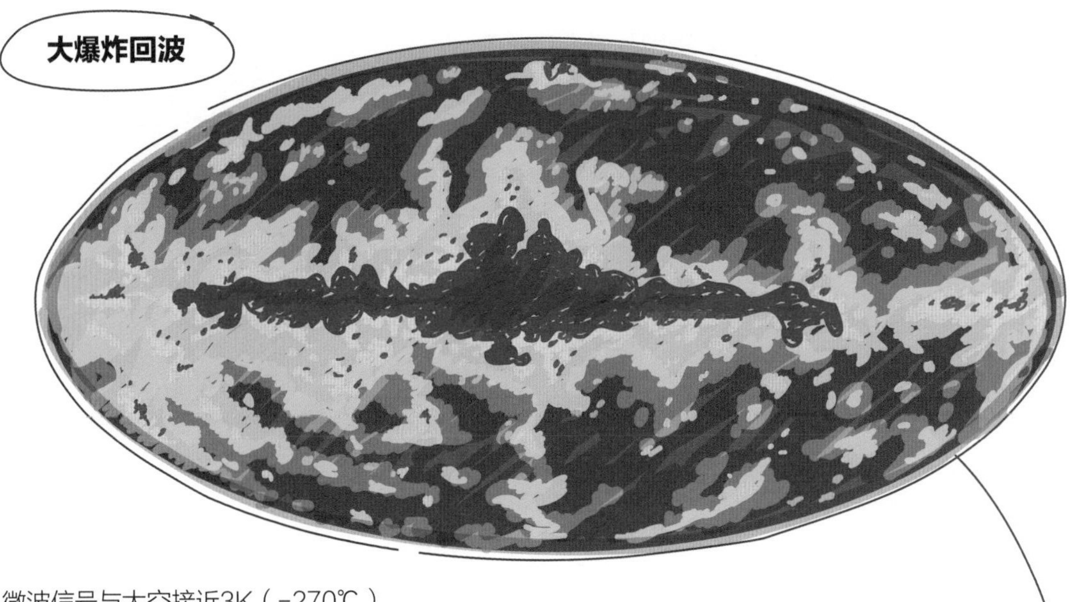

微波信号与太空接近3K（-270℃）的环境温度相吻合，而这正是大爆炸的结果。根据微波信号在电磁频谱中的频率，我们将其命名为宇宙微波背景。大爆炸后会立即产生极高的温度和极大的能量。直到今天，这一时期产生的辐射也随着宇宙的膨胀而不断延展。微波背景的波长与大爆炸之后不久（约40万年前）产生的极高能量辐射相一致，这个阶段形成的红移则相当于约140亿年的哈勃时间。

回到开端

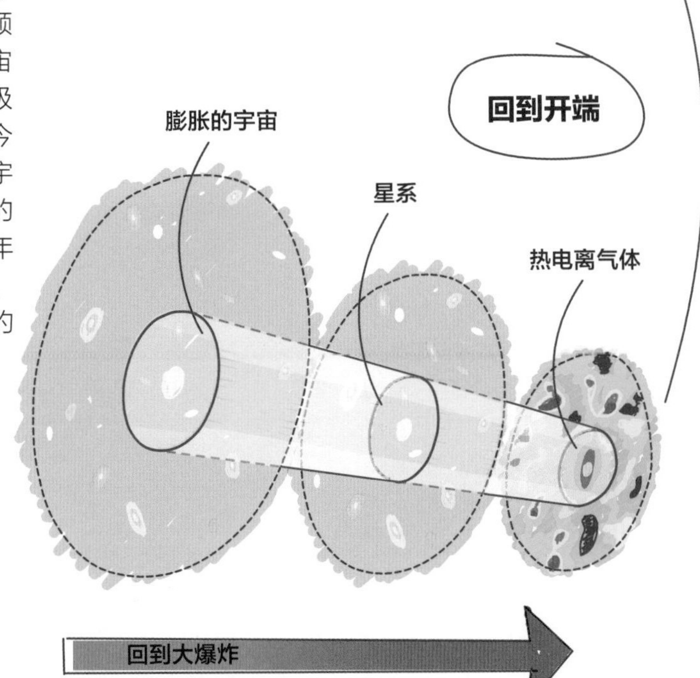

宇宙的终结

从观测结果中我们已经了解到，宇宙正在膨胀，但我们不能肯定的是，这个膨胀过程是否在减速。就像一个扔到空气中的球，在引力作用下它会逐渐减速并重新落到地面。与此类似，宇宙也许会在自身引力的作用下，把膨胀的速度降下来。然而，难以捉摸的被人们称为“暗能量”的东西让这一切变得更加扑朔迷离。

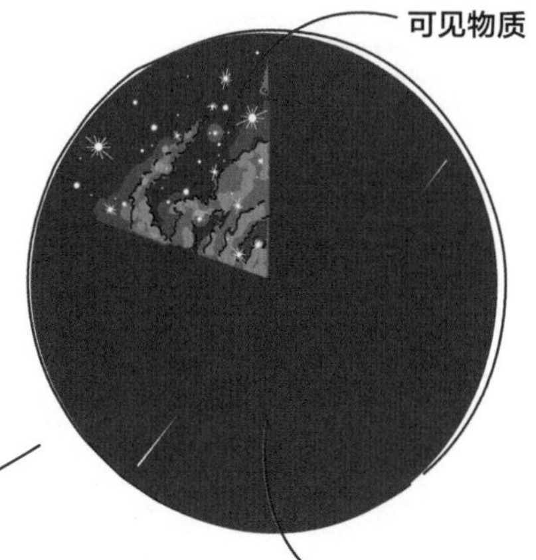

临界密度

天文学家在宇宙平均密度的问题上存在争论。人们看到的星光并不是宇宙的全部。

宇宙就如同一块黑暗的画布，在这一背景的映衬下，任何暗目标都无法进入我们的视线，人们只能通过其产生的影响推断它们的存在。

关于宇宙密度，有一个非常特定的数值，这个数值就是宇宙最终命运的临界点。我们把这个数值称为**临界密度**，它将决定宇宙在下列两种命运间的抉择：要么处于无限膨胀状态，成为一个开放且加速膨胀的宇宙；要么是一个闭合的、减速膨胀的宇宙，并最终发生大坍缩。

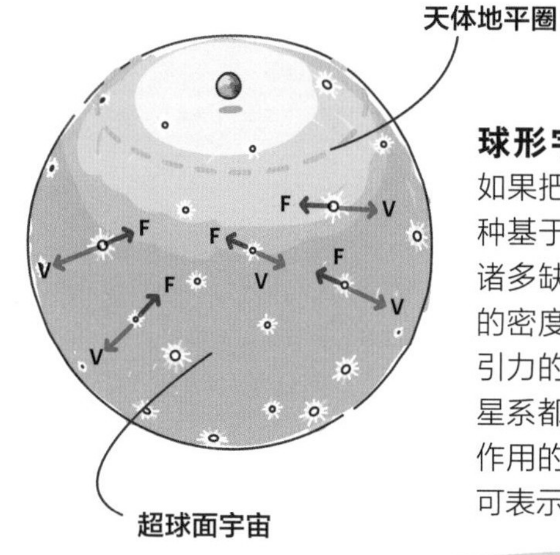

球形宇宙

如果把宇宙设想为球形的（一种基于相对论的假设，但存在诸多缺陷），同时，假定宇宙的密度都是均匀的，而且由于引力的存在，每个正在膨胀的星系都有沿着其运动方向发生作用的力，则宇宙的临界密度可表示为

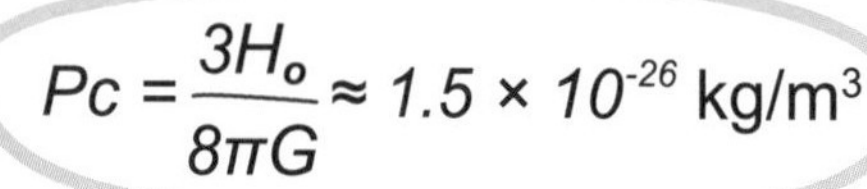

$$Pc = \frac{3H_o}{8\pi G} \approx 1.5 \times 10^{-26}\ \text{kg/m}^3$$

公式中，H_o是哈勃常数，G是万有引力常数。

平坦的宇宙

从几何学的角度，我们可以把宇宙看成一个平面。宇宙有三种形态：开放的、平直的、闭合的，具体情况则取决于宇宙密度相对于临界密度的数值。小于临界密度时为开放的，等于临界密度时为平坦的，大于临界密度时为闭合的。

开放的

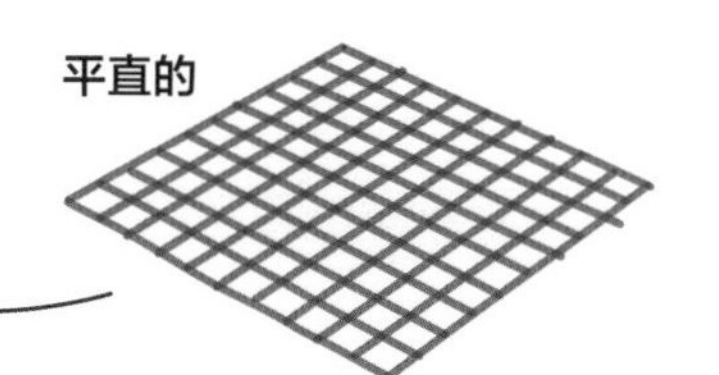

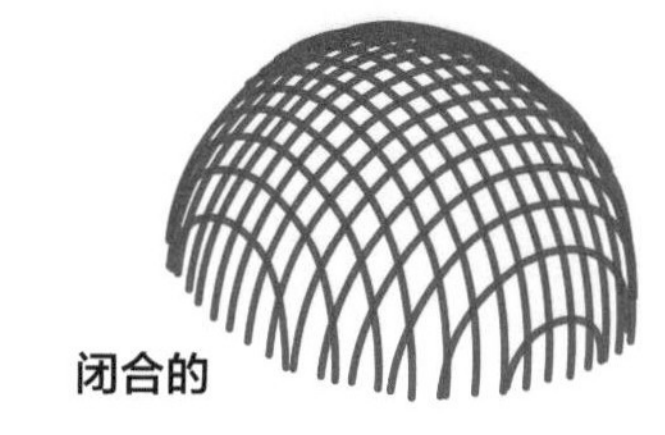

宇宙的命运

宇宙的命运完全取决于它的平均密度，准确地说是其平均密度与临界密度的对比。

如果数值太小，就不会有足够的引力来减缓和逆转宇宙的膨胀，星系就会持续不断地扩展下去，永无止境。这样一来，每个星系中的所有恒星最终会燃烧殆尽，留下一片巨大而冰冷的黑暗空间。从哲学角度讲，这一切似乎与自然的循环和宇宙的恢宏设计并不一致。

如果数值太大，宇宙膨胀就会减缓、停止并最终逆转，加速返回到另一个奇点。

整个宇宙被碾压成一个奇点，这或许不容易让人接受，但这也许恰好是另一个循环的开端。

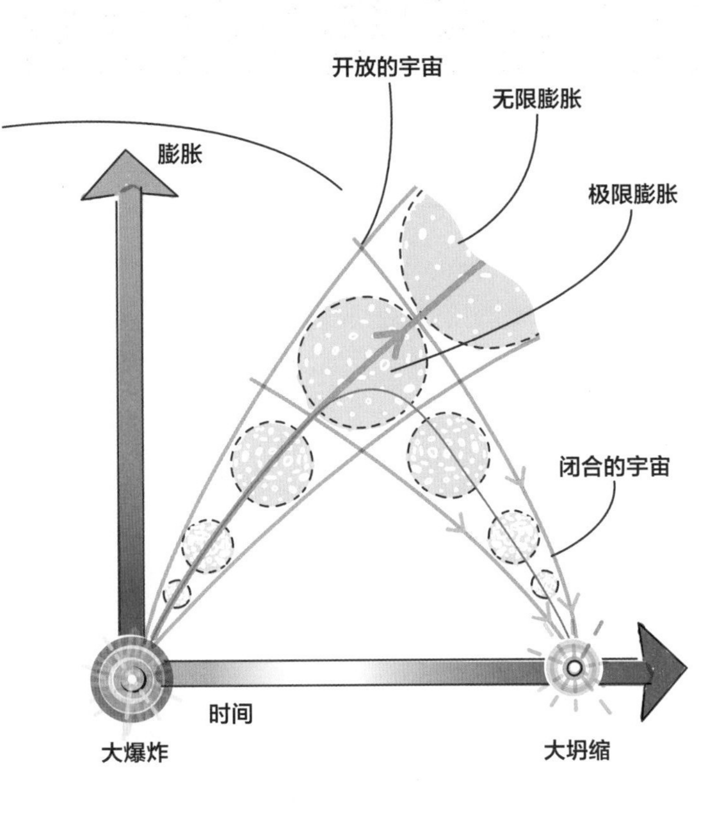

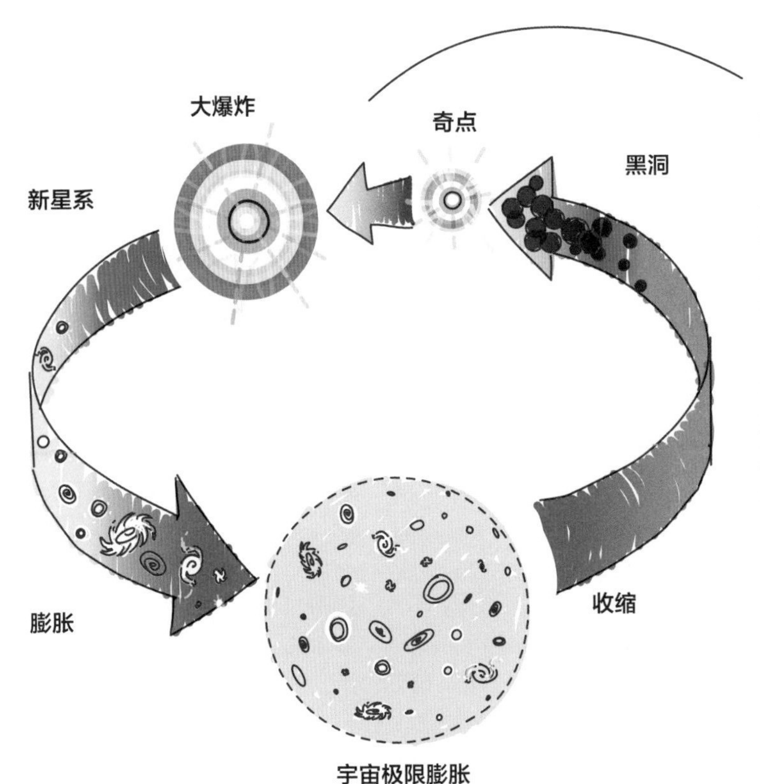

大坍缩

哈勃发现宇宙在不断膨胀，并因此为自己赢得了声誉。受哈勃的启发，爱因斯坦将宇宙常数值设为零。1932年，爱因斯坦与威廉·德·西特尔（Willem de Sitter）共同提出，宇宙将处于膨胀和收缩，大爆炸到大坍缩的循环之中。这就是爱因斯坦-西特尔宇宙模型。

引力透镜效应和引力波

广义相对论把时间和空间联系在一起，将空间的三个维度与作为第四维度的时间融为一体，并在此基础上形成了时空的概念。时空概念的重新建构，广泛而深刻地影响着人们对宇宙本质的认知，以及对引力、光与时间之间互动关系的理解。

引力透镜效应

透镜效应是光波诸多特性中的一种，它能扭曲光的传播路径，改变发出透镜效应光线的物体的最终成像。天体的引力会改变光线在太空中的传播路径、方向并引发透镜效应。在理想的观测条件下，背景天体看起来就像一个光环，围绕在一个有透镜效应的星系周围。这个环被称为**爱因斯坦环**。

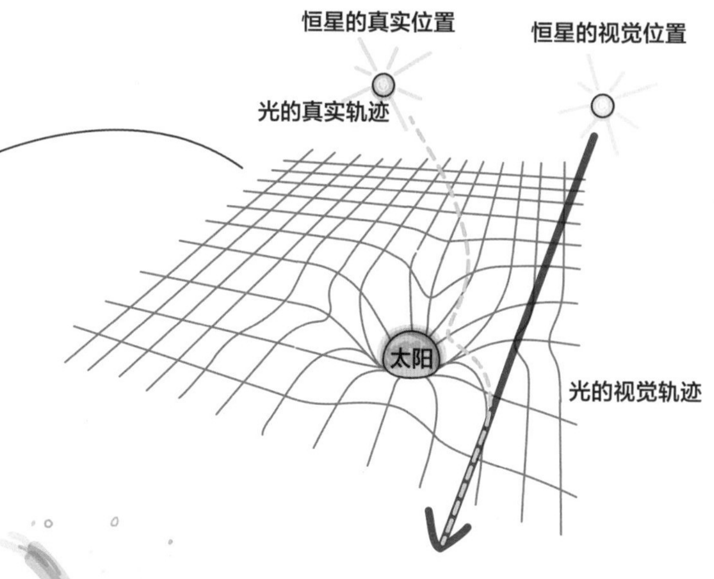

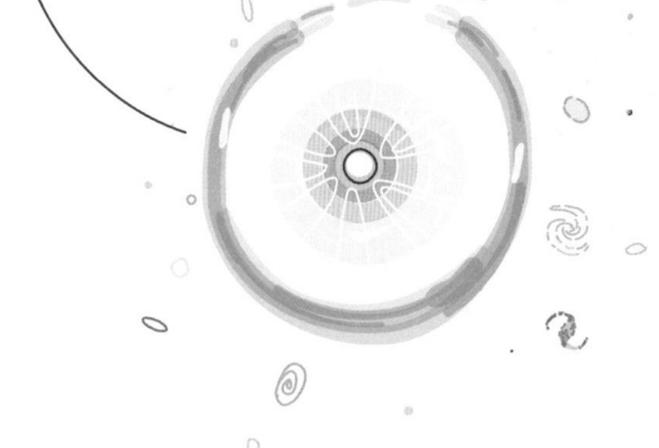

我们可以看到太阳周围的透镜效应。遥远恒星发出的一束光近距离经过太阳时，会朝着太阳的方向弯曲，使传播方向发生改变。爱因斯坦曾预见到这一现象，但由于太阳光线过强而难以被证实。

在一次日食发生期间，人们记录到了靠近太阳的三颗已知恒星的相对位置（这是人类唯一一次在白昼看见其他恒星）。后来，三颗恒星的位置在夜晚再次被记录下来，在夜晚它们的光并没有从太阳附近通过，由于没有受到太阳引力透镜效应的影响，其位置会发生改变。

钱德拉X射线观测站

大星系也会使光产生透镜效应。美国国家航空航天局的钱德拉X射线观测站记录到了这样一起事件：一个已知光源在多个位置被同时观测到。

引力波

爱因斯坦再次假设了引力波的存在。根据他的广义相对论，有些波穿越时空，以光的速度从源头向外辐射。

两个质量巨大的物体（比如一对黑洞）相互作用时，引力波就会出现。引力波会造成能量丧失，辐射出去的能量也会扰动时空结构。

尽管人们在1915年就对引力波的存在进行了预测，但它却难以被人们观测到。

引力波在长距离传播过程中会逐步减弱，而相关探测设备的灵敏度不足，还无法记录到引力波经过地球时的干扰情况。引力波经过时，会改变天体的大小和形状，但这种效果很小，难以被人们发现。

激光干涉引力波天文台由距离较远的两个台站组成。利文斯顿天文台和汉福德天文台分别拥有一个L型的超高真空系统，每边长4千米，互为直角。激光干涉引力波天文台灵敏度高、规模大，能将许多引力波事件记录下来。第一次有关引力波的记录发生在2015年。

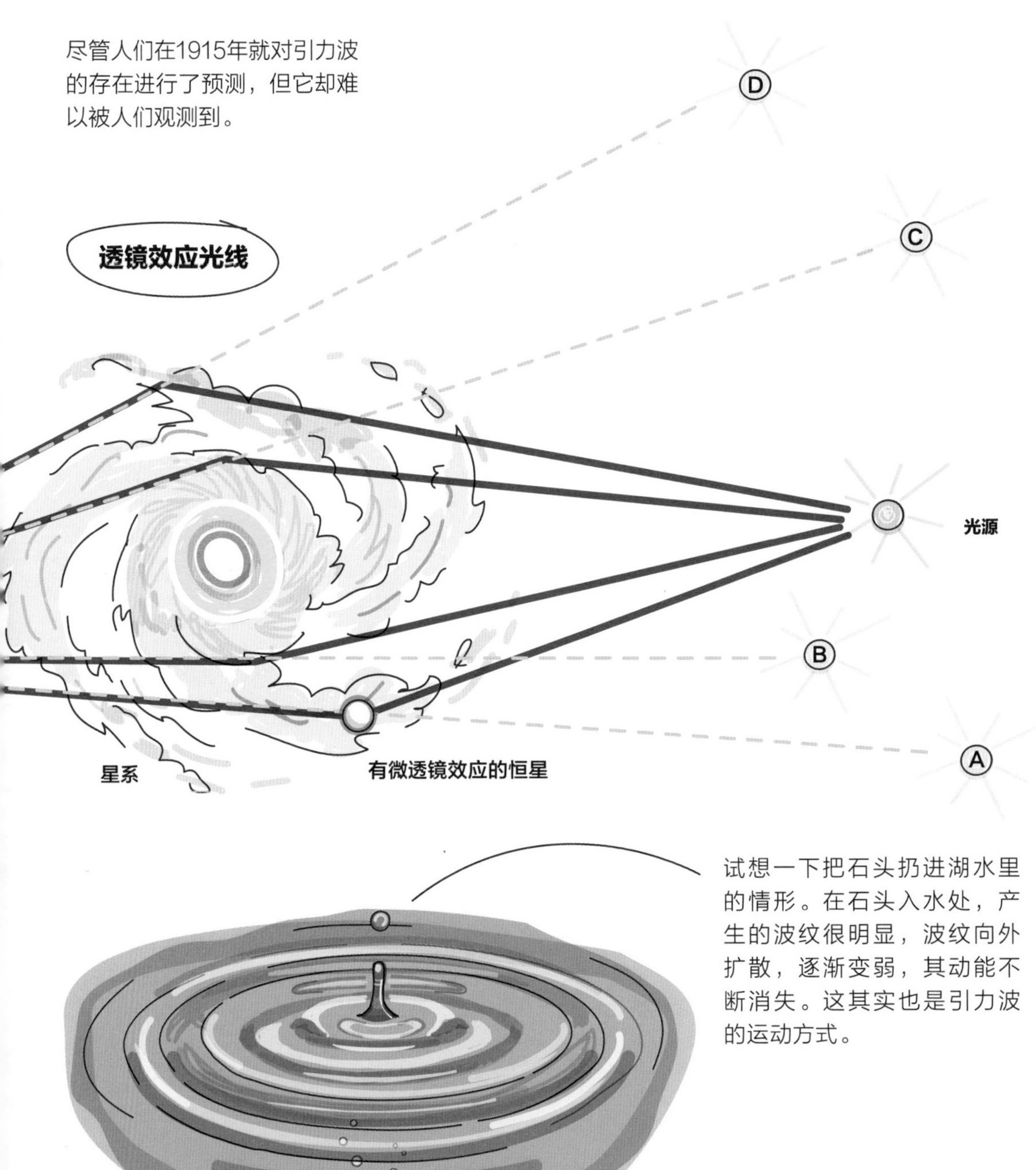

试想一下把石头扔进湖水里的情形。在石头入水处，产生的波纹很明显，波纹向外扩散，逐渐变弱，其动能不断消失。这其实也是引力波的运动方式。

黑洞

神秘莫测的黑洞对四周的太空和星体有着广泛而深刻的影响。黑洞是超大质量恒星死后的产物，人们认为黑洞大多处在不同星系的中央。之所以如此，也许是为了把星系内的恒星结合在一起，或者创造一个聚集点。

什么是黑洞

所有带质量的物体都会产生引力场。引力场对附近那些受其影响的有质量的物体产生引力，同时还会使该物体附近的宇宙区域发生扭曲。引力场越强，效果就越大。

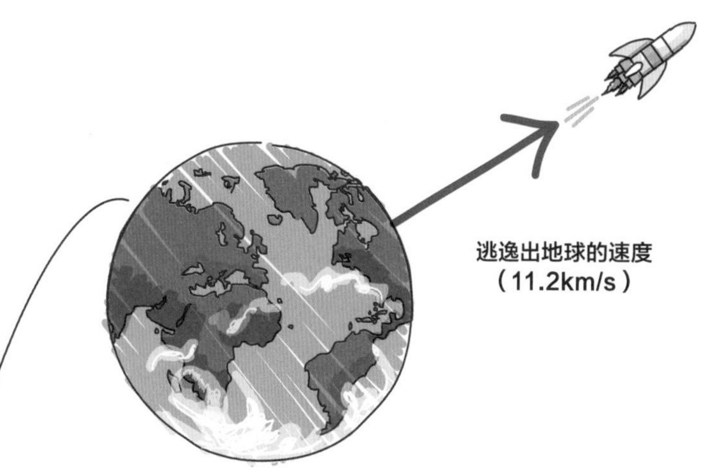

设想一下从地球上直接向上方抛球的情形。如果上抛的能量足够大（球能获得足够快的速度），球将脱离地球的引力，不再受其影响。这就是逃逸速度，其数值在不同的行星上是不同的。

要使球的动能与克服地球引力（地球的引力势能）所需的能量相等，则逃逸速度的计算公式为

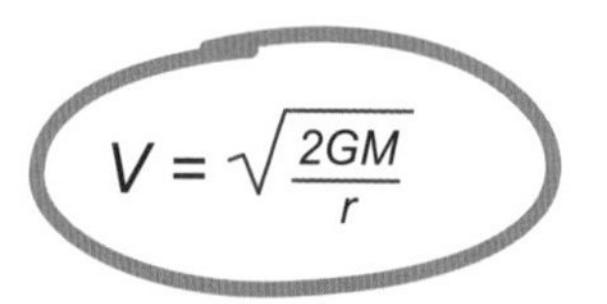

$$V=\sqrt{\frac{2GM}{r}}$$

在这里，G是万有引力常数，M是地球的质量，r是地球的半径。

要挣脱地球的束缚，物体的逃逸速度要达到11.2km/s以上。如果需要逃离引力更大、密度更高的物体，比如一颗坍缩的恒星，物体逃逸速度就必须超过光速（$\approx 3\times10^8$m/s）。

如果光不能逃脱，就会出现一个黑暗区，这就是一个黑洞。

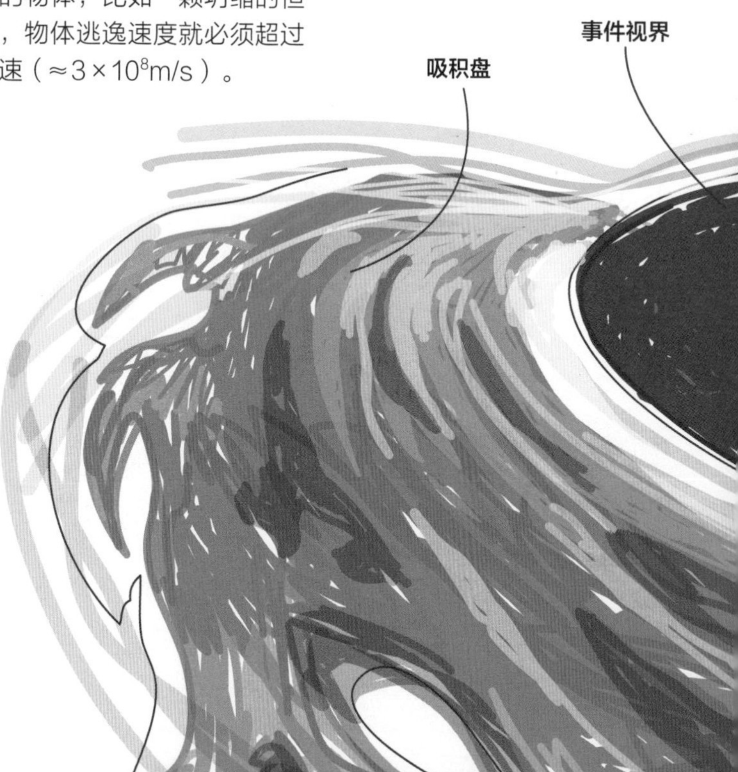

黑洞是怎样形成的

质量巨大的恒星走到自己生命的终点时，就会发生一次极为壮观的超新星爆发。在这一过程中，将暴露出一个温度和密度极高的内核，且不再熔化。

如果恒星内核超过太阳质量的5倍左右，那么它就没有足够大的向外压力来防止引力引起的坍缩。存留于中心区域的物体将继续收缩，直至密度达到一个点，使光也无法逃脱，这时黑洞就产生了。

特定质量（*M*）的恒星引力半径称为**史瓦西半径**。达到这个半径时，黑洞就会形成。史瓦西半径以德国物理学家卡尔·史瓦西（Karl Schwarzschild）的名字命名，相关的计算公式为

$$R_{sch} = \frac{2GM}{c^2}$$

公式中，*G*是万有引力常数，*M*是星体内核质量，*c*是光速。

一个质量与太阳质量相同的黑洞，其半径略小于3.2km。

黑洞的结构

相对论性喷流

奇点

人们认为所有恒星都处于旋转之中，如果某个恒星坍缩了，因角动量守恒，其旋转速度就会增大。当这个恒星的引力半径达到史瓦西半径时，光就不能再从这个球体形成的球面逃逸出来，这个球面称为“事件视界”。在这个快速旋转的球面内，人们无法依照物理学定律做出任何预测，因为在这个球面内，来自宇宙的全部信息都丢失了。

位于这个旋转的信息汇集中心的是**奇点**，它是一个密度无限大、体积为零的点，当速度非常快的粒子流沿着旋转轴加速运动时，就会在视界之外产生**相对论性喷流**。

对双星系统而言，尽管两颗恒星单凭自己的质量都不足以形成黑洞，但黑洞却能在一个双星系统内产生。当双星中的伴星被剥去大气层，质量较大的那颗恒星就可以成为一个黑洞。此时，被剥夺的伴星物质会流入这个黑洞并被强烈加热，辐射出大量X射线。

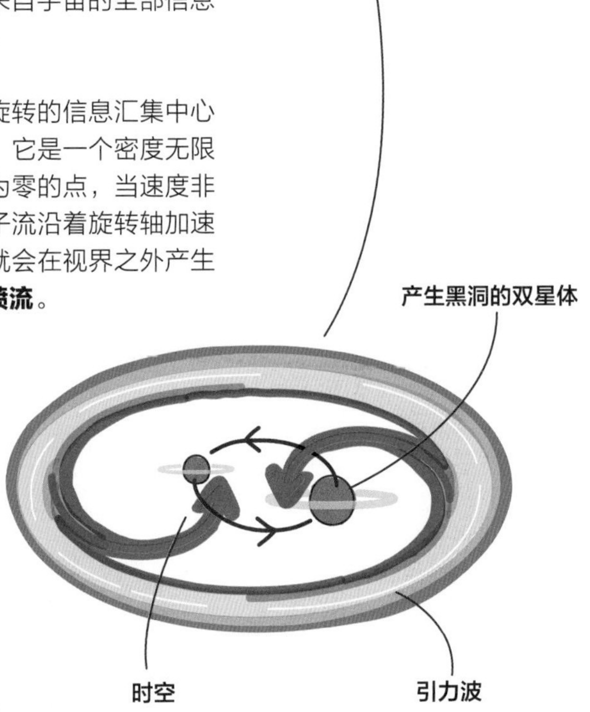

小结

星体的演化

星云

星云由制造恒星的巨大的尘埃和气体云团组成。

小质量恒星

小质量恒星（大约小于10个太阳质量）变成红巨星，然后变成白矮星。

大质量恒星

大质量恒星（大约大于10个太阳质量）坍缩，产生超新星，然后变成一颗中子星或一个黑洞。

赫兹普龙–罗素图

根据温度和光亮对恒星进行视觉分类。

天体物理学

宇宙的终结

引力透镜效应

改变光线的传播路径，使人们可以在其他位置上看到这个天体。

引力波

大质量天体相互作用会在时空中产生波纹。

黑洞

光无法从坍缩的大质量恒星中逃离。

宇宙的最终命运是由其特定密度决定的。

临界密度

膨胀

宇宙无限膨胀，恒星死亡。

大坍缩

宇宙收缩为一个奇点，循环重新开始。

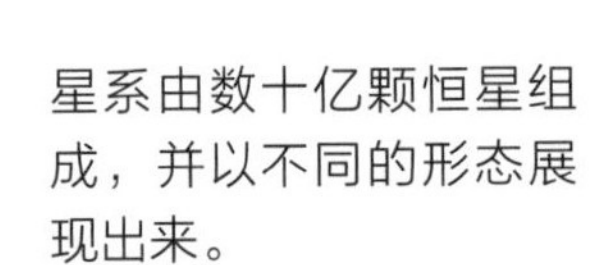

星系由数十亿颗恒星组成，并以不同的形态展现出来。

星系形态

星系

旋转速度

星系旋转速度，比其可见部分的预测速度要快。

暗物质

宇宙中看不见也无法解释的物质。

红移

什么是红移

正在退行的星系发出的光，看起来比它本来的颜色更红，光谱波长也被拉长。

哈勃常数

星系的退行速度与其距离成正比。

$$v = H_0 d$$

宇宙的开端

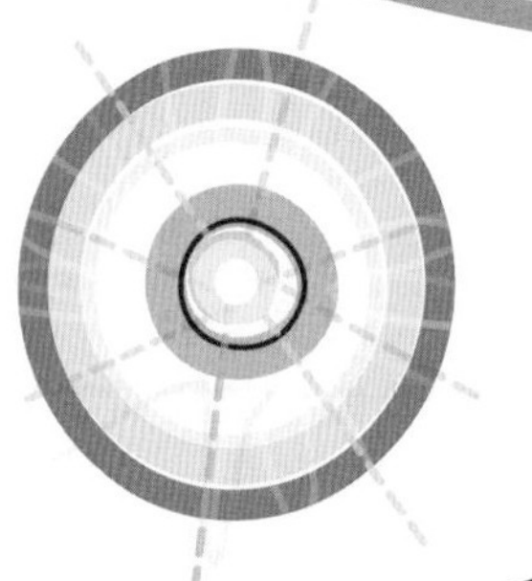

大爆炸

一个被无限压缩的奇点爆炸，产生了宇宙。

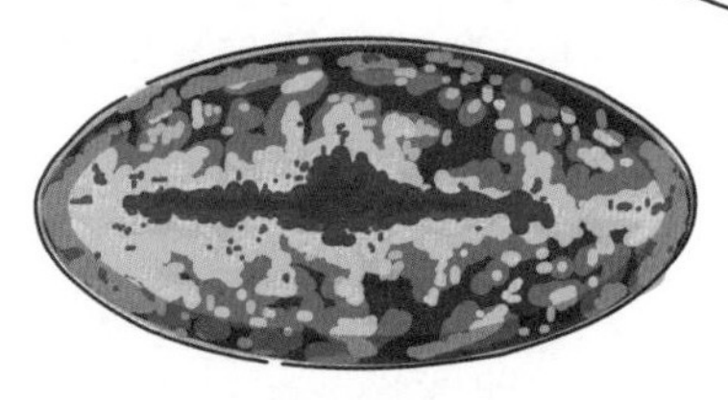

宇宙微波背景

宇宙微波背景是宇宙大爆炸的余晖。

索引